(AI) 提示词工程师

精通ChatGPT

提问与行业热门应用**208**例

AIGC文画学院 编著

化学工业出版社

·北京·

内 容 简 介

208个干货技巧，帮助您从入门到精通ChatGPT的案例应用。

208集教学视频，手机扫码即可边看边学，助您速成ChatGPT提问高手。

随书赠送：243款素材效果+247组AI绘画提示词。

书中穿插两条线，对AI提问和热门提示词进行详细介绍。

一条技巧线：介绍了ChatGPT的基础用法、提问框架和高效提问的方法，帮助读者快速掌握平台的使用和提问技巧。

一条案例线：介绍了ChatGPT在办公、职场、视频创作、文案写作、AI绘画、科研学习、程序开发、电商营销、生活服务、娱乐休闲、商业管理和其他领域的应用，让读者掌握对应的提问方式和提示词，从而轻松解决生活、学习和工作中遇到的难题。

本书适合ChatGPT的初学者，特别是对AI文案、软件开发、职场办公、文学、艺术、经管、电商等领域感兴趣的用户，也适合作为相关专业的教材。

图书在版编目（CIP）数据

AI提示词工程师：精通ChatGPT提问与行业热门应用208例 /
AIGC文画学院编著. —北京：化学工业出版社，2024.2
ISBN 978-7-122-45076-0

Ⅰ.①A… Ⅱ.①A… Ⅲ.①人工智能 Ⅳ.①TP18

中国国家版本馆CIP数据核字（2024）第023739号

责任编辑：王婷婷　李　辰　　　　　　封面设计：昇一设计
责任校对：王　静　　　　　　　　　　装帧设计：盟诺文化

出版发行：化学工业出版社（北京市东城区青年湖南街13号　邮政编码100011）
印　　装：大厂聚鑫印刷有限责任公司
710mm×1000mm　1/16　印张13$\frac{1}{2}$　字数283千字　2024年6月北京第1版第1次印刷

购书咨询：010-64518888　　　　　　　售后服务：010-64518899
网　　址：http://www.cip.com.cn

定　　价：68.00元

前　言

内容简介

本书是初学者快速精通 ChatGPT 提问技巧与关键词热门应用的教程。

本书主要分为两篇内容。

一是【提问技巧篇】，具体包括以下 3 章。

第 1 章基础用法：熟练使用 ChatGPT；

第 2 章提示框架：让 ChatGPT 变得更聪明；

第 3 章高效提问：掌握与 ChatGPT 对话的方法。

二是【热门应用篇】，具体包括以下 12 章。

第 4 章 ChatGPT+ 办公应用：让工作效率起飞；

第 5 章 ChatGPT+ 职场应用：职业规划与晋升指南；

第 6 章 ChatGPT+ 视频创作：打造优质短视频；

第 7 章 ChatGPT+ 文案写作：让你文思泉涌；

第 8 章 ChatGPT+AI 绘画：助力艺术创作；

第 9 章 ChatGPT+ 科研学习：做你的私人家教；

第 10 章 ChatGPT+ 程序开发：解锁更多编程创意；

第 11 章 ChatGPT+ 电商营销：提升销售策略；

第 12 章 ChatGPT+ 生活服务：成为贴心助手；

第 13 章 ChatGPT+ 娱乐休闲：帮你放松身心；

第 14 章 ChatGPT+ 商业管理：实现财富增长；

第 15 章 ChatGPT+ 更多应用：拓展无限可能。

特别说明，因为向 ChatGPT 提问的方式主要是输入关键词，建议读者在学习【提问技巧篇】时，一定要细心再细心，认真再认真，具体的操作过程在这 3 章里都讲了，一定要耐心体会。限于篇幅，为了展示更多的热门效果，在【热门应用篇】里，部分案例省去了输入关键词的操作过程，更多讲的是效果的特点。在实操时，读者只需使用对应的提示词进行提问即可。

本书特色

（1）130多分钟的视频演示：本书中的软件操作技能实例，全部录制了带语音讲解的视频，时间长度达130多分钟，重现书中所有实例操作，读者可以结合书本观看视频，也可以独立观看视频演示，像看电影一样进行学习，让学习更加轻松。

（2）208个干货技巧奉献：本书通过全面讲解向ChatGPT提问的方法，包括提问的相关技巧和提示词热门领域的应用技巧，帮助读者从新手入门到精通，让学习更高效。

（3）243个素材效果奉献：随书附送的资源中包含本书中用到的素材文件和出现的效果文件。这些素材和效果可供读者自由使用、查看，帮助读者快速提升ChatGPT的操作熟练度，与ChatGPT流畅地进行沟通。

（4）247组提示词奉送：为了方便读者快速掌握提问和使用技巧，特将本书实例中用到的提示词进行了整理，统一奉送给大家。大家可以直接使用这些提示词，与ChatGPT进行交流，从而解决遇到的问题。

（5）390张图片全程图解：本书采用了390张图片对ChatGPT的提问与应用进行了全程式的图解，通过这些大量清晰的图片，让实例的内容变得更通俗易懂，读者可以一目了然，快速领会，举一反三，让ChatGPT的回复更能满足需求。

版本说明

在编写本书时，是基于Microsoft Office 365和ChatGPT 3.5的界面截的实际操作图片，但书从编辑到出版需要一段时间，在此期间，这些工具的功能和界面可能会有变动，请在阅读时，根据书中的思路，举一反三，进行学习。

还需要注意的是，即使是相同的提示词，ChatGPT每次生成的回复也会有差别，因此在扫码观看教程时，读者应把更多的精力放在提示词的编写和实操步骤上。

作者售后

本书由AIGC文画学院编著，参与编写的人员还有李玲，在此表示感谢。

由于作者知识水平有限，书中难免有疏漏之处，恳请广大读者批评、指正，联系微信：2633228153。

编著者

2024年1月

目　录

【提问技巧篇】

【热门应用篇】

第8章　ChatGPT+AI绘画：助力艺术创作 ··············121

第9章　ChatGPT+科研学习：做你的私人家教 ··············131

第10章　ChatGPT+程序开发：解锁更多编程创意 ··············146

第11章　ChatGPT+电商营销：提升销售策略 ··············151

【提问技巧篇】

第 1 章

基础用法：熟练使用 ChatGPT

AI 文案的主要生成工具是 ChatGPT。用户登录 ChatGPT 平台后，通过输入相应的提示词就可以获得所需的文案，从而实现 AI 自动化生成文案。本章将带领大家掌握 ChatGPT 平台的基础用法。

001　初步生成文案

扫码看教学视频

在 ChatGPT 平台中，用户可以通过相应的指令或提示词让 ChatGPT 生成所需的文案，然后再将文案复制出来，或修改，或使用，从而达到利用人工智能（Artificial Intelligence，AI）生成文案的目的。登录 ChatGPT 后，将会打开 ChatGPT 的聊天窗口，即可开始与其进行对话，用户可以输入任何问题或话题，ChatGPT 将尝试回答并提供与主题有关的信息，下面介绍具体的操作方法。

步骤 01 打开 ChatGPT 的聊天窗口，单击底部的输入框，如图 1-1 所示。

步骤 02 在 ChatGPT 的输入框中输入相应的提示词，如"请为电热毯产品写一段宣传文案，30 字以内"，如图 1-2 所示。

图 1-1　单击底部的输入框

图 1-2　输入相应的提示词

步骤 03 单击输入框右侧的发送按钮 或按【Enter】键，ChatGPT 即可根据要求生成相应的文案，如图 1-3 所示。

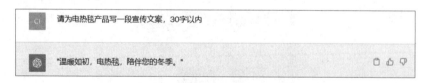

图 1-3　ChatGPT 生成相应的文案

002　停止生成文案

扫码看教学视频

用户在 ChatGPT 中发送消息后，ChatGPT 一般都是以逐字输出的方式生成文案，当用户对当前生成的文案表示存疑时，可以让

ChatGPT 停止生成文案，具体操作如下。

打开 ChatGPT 的聊天窗口，在输入框中输入"请提供两条适合生日庆祝的朋友圈文案"，按【Enter】键发送，ChatGPT 会根据要求开始生成文案。单击下方的 Stop generating（停止生成）按钮，如图 1-4 所示，即可让 ChatGPT 停止生成文案。

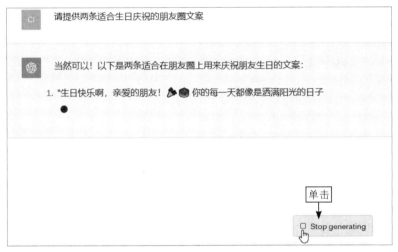

图 1-4 单击 Stop generating 按钮

003 重新生成文案

扫码看教学视频

当用户对 ChatGPT 生成的回复不满意时，可以通过 Regenerate（重新生成）按钮让它重新生成回复，ChatGPT 会响应提示词更换表达方式、改变内容来重新给出回复，具体操作如下。

步骤01 打开 ChatGPT 的聊天窗口，输入"请提供 3 条适合庆祝毕业的微博文案，要求每条文案不超过 15 个字"，按【Enter】键发送，待 ChatGPT 生成文案后，在输入框的上方单击 Regenerate（重新生成）按钮，如图 1-5 所示，即可重新生成文案。

图 1-5 单击 Regenerate 按钮

步骤 02 重新生成文案后，会出现页码，如图 1-6 所示，每重新生成一次就会新增一页，前面生成过的回复会保留下来，单击页码左右两边的箭头可以进入上一页或进入下一页。

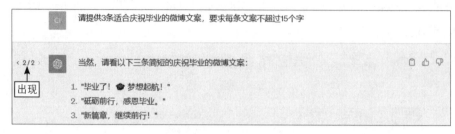

图 1-6 出现页码

004 选择文案进行复制

扫码看教学视频

当用户需要复制 ChatGPT 生成的文案时，可以通过选择内容的方式将需要的内容复制到 Word 文档中，具体操作如下。

在 ChatGPT 的输入框中输入"请以秋季穿搭为主题，提供 5 条抖音平台上的热门短视频标题"，按【Enter】键发送，获得 ChatGPT 给出的回复。选择生成的标题，在标题上单击鼠标右键，在弹出的快捷菜单中选择"复制"命令，如图 1-7 所示，即可复制 ChatGPT 生成的短视频标题。

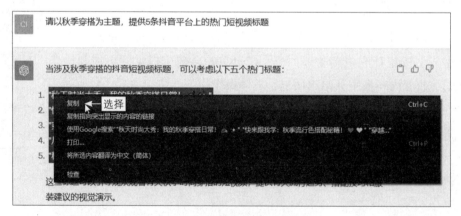

图 1-7 选择"复制"命令

用户可以将所复制的文案粘贴至记事本、Word 文档等写作软件中，修改、保存作为备用。

005　单击按钮进行复制

除了通过选择内容的方式来复制 ChatGPT 生成的回复，ChatGPT 还自带复制按钮，可以让用户直接复制 ChatGPT 回复的完整内容，具体操作如下。

步骤01 在上一例 ChatGPT 生成的回复右侧单击复制按钮 📋，如图 1-8 所示，同样可以对 ChatGPT 生成的文案进行复制。

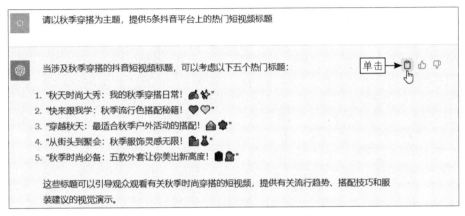

图 1-8　在生成的回复右侧单击复制按钮

步骤02 新建并打开一个记事本，按【Ctrl+V】组合键，即可粘贴所复制的内容，如图 1-9 所示，选择"文件"|"保存"命令，可以将其保存。

图 1-9　粘贴复制的内容

006　进行换行输入

在 ChatGPT 的输入框中输入提示词时，可以对提示词进行分段、换行，具体操作如下。

步骤01 打开 ChatGPT 的聊天窗口，在输入框中输入第 1 行内容"请将以下词汇组合成广告文案："，按【Shift+Enter】组合键即可换行，输入剩下的内容"天然、留香、清爽、去角质"，即可完成提示词的输入，如图 1-10 所示。

图 1-10　输入提示词

步骤02 按【Enter】键发送，ChatGPT 即可根据提示词给出回复，如图 1-11 所示。

图 1-11　ChatGPT 给出回复

007　改写提示词

当给 ChatGPT 发送的提示词有误或者不够精准时，可以对已发送的信息进行改写，具体操作如下。

步骤 01 在上一例 ChatGPT 的聊天窗口中，单击已发送的提示词右侧的 按钮，如图 1-12 所示。

图 1-12　单击 按钮

步骤 02 执行操作后，即可对提示词内容进行改写，将"请将以下词汇组合成广告文案："改为"请将以下词汇组合成沐浴露的广告文案："，单击 Save & Submit（保存并提交）按钮，如图 1-13 所示。

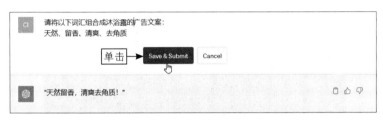

图 1-13　单击 Save & Submit 按钮

步骤 03 执行操作后，ChatGPT 即可根据提示词重新生成回复，如图 1-14 所示。

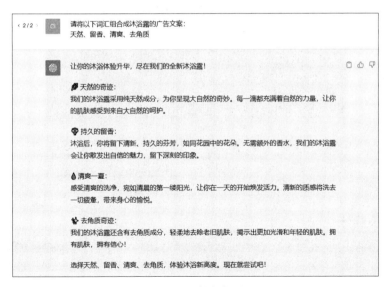

图 1-14　重新生成回复

008 生成图表代码

扫码看教学视频

ChatGPT 作为一个聊天机器模型，虽然主要以语言文字著名，但基于其智能数据库也能够生成图表，所以也可以帮助我们提高办公效率。ChatGPT 不能够直接生成图表，但可以通过生成代码，再复制到 Mermaid.live 在线编辑器里，以此实现图表的制作。下面将举例介绍具体的操作方法。

步骤 01 在 ChatGPT 中输入"用 Mermaid.js 语言生成《西游记》的人物关系图"，生成相应的回复后，单击代码右上角的 Copy code（复制代码）按钮，如图 1-15 所示。

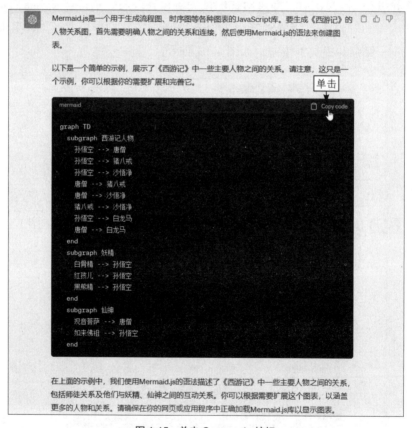

图 1-15　单击 Copy code 按钮

★ 专家提醒 ★

使用 ChatGPT 生成图表只是作为一个提供代码的"帮手"，具体的任务还需要借助 Mermaid.live 线上编辑器来完成，这是 ChatGPT 的局限性，也是其发展机遇。需要注意的是，ChatGPT 生成的 Mermaid.js 代码可能存在事实错误。

步骤 02 在浏览器中找到并打开 Mermaid.live 线上编辑器，将复制出来的代码粘贴进去，即可生成《西游记》的人物关系简图，如图 1-16 所示。

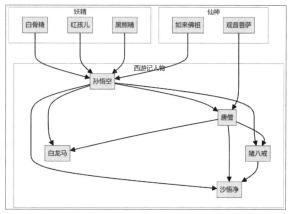

图 1-16　生成《西游记》的人物关系简图

009　生成图文内容

扫码看教学视频

　　ChatGPT 虽然不能直接生成图片，但可以通过识别图片链接生成图文并茂的文案内容。例如，在 ChatGPT 的输入框中输入"以菊花之美为主题写一段 50 字以内的文案，并提供一张菊花的图片，发送图片时请用 markdown 语言生成，不要反斜线，不要代码框，不要文字介绍，××××（此处为图片链接）"，按【Enter】键发送，即可让 ChatGPT 生成对应的图文内容，如图 1-17 所示。

图 1-17　ChatGPT 借助特殊语言生成图文内容

★ 专家提醒 ★

markdown 是一种轻量级的标记语言，它允许用户使用易读易写的纯文本格式编写文档，并通过一些简单的标记语法来实现文本的格式化。

在使用 ChatGPT 生成图文内容之前，用户需要在网页中找到喜欢的图片，在图片上单击鼠标右键，在弹出的快捷菜单中选择"复制图片地址"命令，即可获得图片的链接。

010　新建聊天窗口

扫码看教学视频

在 ChatGPT 中，当用户想用一个新的主题与 ChatGPT 开始一段新的对话时，可以保留当前聊天窗口中的对话记录，新建一个聊天窗口，下面介绍具体的操作方法。

步骤 01 在上一例 ChatGPT 的聊天窗口中，单击页面左上角的 New Chat（新建聊天窗口）按钮，如图 1-18 所示，即可新建一个聊天窗口。

图 1-18　单击 New Chat 按钮

步骤 02 在输入框中输入"请创作一首庆祝秋天丰收的诗歌，要求不超过 30 个字"，按【Enter】键，即可与 ChatGPT 开始对话，ChatGPT 会根据要求创作诗歌，如图 1-19 所示。

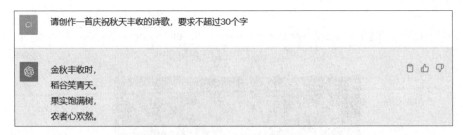

图 1-19　ChatGPT 创作的诗歌

011　重命名聊天窗口

扫码看教学视频

在 ChatGPT 的聊天窗口中生成对话后，聊天窗口会自动命名，如果用户觉得不满意，可以对聊天窗口进行重命名操作，下面介绍具体的操作方法。

步骤01 在上一例 ChatGPT 的聊天窗口中，单击聊天窗口名称右侧的✐按钮，如图 1-20 所示。

图 1-20　单击✐按钮

步骤02 执行操作后，即可激活名称编辑文本框，在文本框中可以修改名称，如图 1-21 所示。

图 1-21　修改名称

步骤03 单击✔按钮，即可完成聊天窗口的重命名操作，如图 1-22 所示。

图 1-22　重命名聊天窗口

★ 专 家 提 醒 ★

需要注意的是，由于聊天窗口的名称显示有限制，超出的部分将无法在聊天窗口的左侧显示出来，因此用户尽量将聊天窗口的名称设置得简洁、明朗，从而便于查找和管理。

012　删除聊天窗口

扫码看教学视频

当用户在 ChatGPT 的聊天窗口中已经完成了当前话题的对话后，如果不想保留聊天记录，可以将 ChatGPT 聊天窗口删除。不过，删除后的聊天窗口无法恢复，因此用户要谨慎操作。下面介绍具体的操作方法。

步骤 01　在上一例 ChatGPT 的聊天窗口中，单击聊天窗口名称右侧的回按钮，如图 1-23 所示。

图 1-23　单击回按钮

步骤 02　执行操作后，弹出 Delete chat？（删除对话？）对话框，如图 1-24 所示，如果确认删除聊天窗口，则单击 Delete（删除）按钮；如果不想删除聊天窗口，则单击 Cancel（取消）按钮。

图 1-24　弹出 Delete chat？对话框

第 2 章

提示框架：让 ChatGPT 变得更聪明

基于对 ChatGPT 的了解，我们知道 ChatGPT 发挥作用的关键在于恰到好处的提问，而要做到这一点，则需要我们掌握一定的提问技巧，即学会编写和优化 ChatGPT 提示词，本章将介绍一些有效的方法。

013 选择合适的提示词

扫码看教学视频

提示词，也可以称作指令，是 ChatGPT 进行回复、给出答案的依据。如果用户想要 ChatGPT 生成文案，则要提供一些文案的类型、特征、范围等信息作为提示词，输入给 ChatGPT，ChatGPT 会根据提示词给出回复。

用户在编写提示词时，应该与需求紧密结合，选择合适的提示词。不同的提示词所获得的 AI 文案是有区别的。下面将举例介绍在输入不同的提示词时，ChatGPT 给出的不同回复。

步骤 01 打开 ChatGPT，在其输入框中输入比较宽泛的提示词，如"请写出 10 个关于旅游的文案"，按【Enter】键发送，ChatGPT 给出的文案如图 2-1 所示。

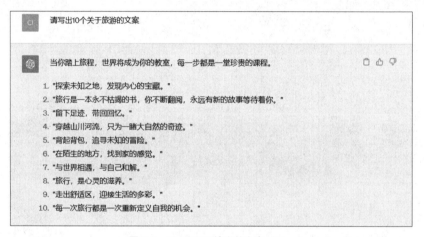

图 2-1 ChatGPT 给出的文案（1）

步骤 02 在左上角单击 New Chat 按钮，新建一个聊天窗口，输入比较具体的提示词，如"请写出 10 个关于去长白山旅游的文案"，按【Enter】键发送，ChatGPT 给出的文案如图 2-2 所示。

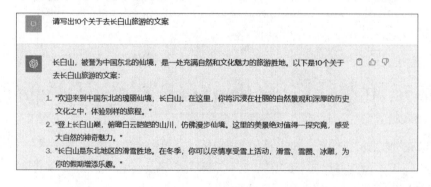

> 4. "长白山不仅有壮丽的自然景观，还有深厚的文化底蕴。你可以参观长白山天池、长白山温泉，了解当地的历史和传说。"
> 5. "四季各有不同的风貌。春天，百花争艳；夏季，绿草如茵；秋天，五彩斑斓的秋叶；冬季，银装素裹的童话世界。"
> 6. "长白山地区的民俗文化丰富多彩，你可以观赏到锣鼓舞、长鼓舞等地方特色表演，感受浓厚的文化氛围。"
> 7. "品尝当地美食，如长白山松茸、野生蘑菇，满足你的味蕾，尽情享受美食之旅。"
> 8. "长白山地区的动植物丰富多样，是自然生态的宝库。在这里，你有机会近距离观察东北的野生动物，感受大自然的神奇。"
> 9. "长白山附近的松江河和吉林松花湖等风景名胜也值得一游，拍下宁静湖泊和清澈江水的美丽瞬间。"
> 10. "无论是探索自然景观还是感受文化底蕴，长白山都能满足你的旅游需求。来这里，感受大自然的恩赐和人文的魅力。"

图 2-2　ChatGPT 给出的文案（2）

由图 2-1 和图 2-2 可知，ChatGPT 对于宽泛的提示词和具体的提示词的识别度是不同的，会给用户提供不一样的回复。在输入宽泛的提示词时，ChatGPT 给出的回复会较为概念化，涉及多个方面的信息；而输入具体的提示词时，ChatGPT 会给出更贴近提问的回复。两种提示词各有其用处，用户选择输入哪种提示词取决于其真正的需求是什么。

014　确定提示词的主题

扫码看教学视频

一般来说，用户选择较为宽泛的提示词，是想要 ChatGPT 生成一些事实性、概念性的回复，例如询问厄尔尼诺现象是什么、世界上最高的山脉是什么等。

而用户选择较为具体的提示词，大多数是想要 ChatGPT 提供一些灵活的、观念性的回复，例如询问如何看待熬夜现象等。

从这一层面看，较为宽泛的提示词并不难编写，反而是编写较为具体的关键词会有一定的难度。因此，编写有效的、具体的提示词是用户需要掌握的技能，而第一要义就是确定提示词的主题。

例如，用户想通过 ChatGPT 生成一篇有关秋季养生的短视频文案，那么"秋季养生"便是提示词的主题，而"一篇短视频文案"则是用户的需求，组合在一起，就可以得到要输入的提示词——"请帮我写一篇主题为秋季养生的短视频文案"。

在 ChatGPT 的输入框中输入提示词并发送，便可以得到 ChatGPT 生成的回复，如图 2-3 所示。

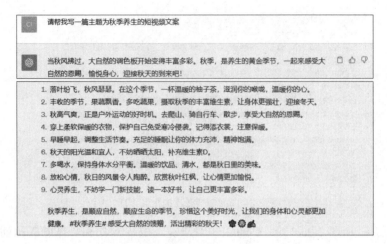

图 2-3　ChatGPT 给出的回复

简而言之，当用户想要通过 ChatGPT 生成灵活的、观念性的回复时，则需要在提示词上说明主题，主题需要具体到某个领域、某个行业或某个话题。

015　加入限定语言或条件

如果用户在给 ChatGPT 的提示词中已经说明了主题，但依然没有得到理想的回复，可以进一步细化主题描述，多加入一些限定语言或条件。下面将举例介绍具体的操作方法。

扫码看教学视频

步骤01 打开 ChatGPT，在其输入框中输入主题为冲锋衣产品推广文案的提示词，如"请提供两条冲锋衣的产品推广文案"，按【Enter】键确认，ChatGPT生成的回复如图 2-4 所示。

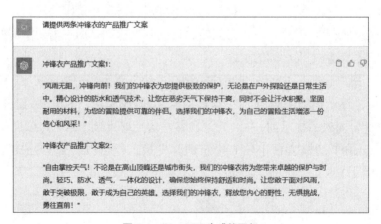

图 2-4　ChatGPT 生成的回复

步骤02 单击已发送的提示词右侧的 ✎ 按钮，加入限定语言将提示词改写为"请以小个子女生为目标用户，提供两条冲锋衣的产品推广文案"，单击 Save & Submit 按钮，让 ChatGPT 根据新的提示词生成回复，如图 2-5 所示。

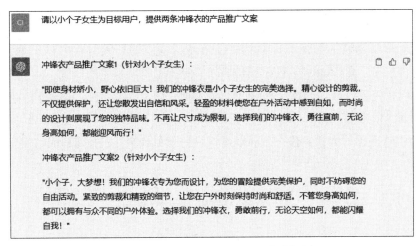

图 2-5　加入限定语言后 ChatGPT 生成的回复

步骤03 再次单击提示词右侧的 ✎ 按钮，加入限定条件将提示词改写为"请以小个子女生为目标用户，提供两条冲锋衣的产品推广文案，要求突出产品亮点，有吸引力"，单击 Save & Submit 按钮，让 ChatGPT 再次根据新的提示词生成回复，如图 2-6 所示。

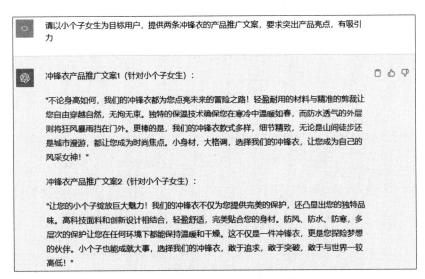

图 2-6　加入限定条件后 ChatGPT 生成的回复

可以看出，ChatGPT 会根据提示词的主题细化程度给出不同的回复。一般来说，用户输入越详细的主题描述，得到高效回复的概率会越大。

016 模仿语言风格

扫码看教学视频

当用户不知道如何编写提示词才能够获得满意的回复时，可以指定语言风格，让 ChatGPT 进行模仿，并按照特定风格来生成回复，用户可以指定自己喜欢的影视人物、动漫人物、作家或文学作品等语言风格。

例如，用户可以在 ChatGPT 的输入框中输入"请以阿加莎·克里斯蒂（Agatha Christie）的语言风格，创作一篇 400 字以内的侦探故事"，按【Enter】键发送，ChatGPT 会生成对应的回复，如图 2-7 所示。

CI 请以阿加莎·克里斯蒂（Agatha Christie）的语言风格，创作一篇400字以内的侦探故事

雨水在英格兰的乡村连续下了几天，让庄园看上去更显阴郁。赫尔克里·波洛正在家中的图书室里，坐在火炉旁，抽着烟斗。窗外的风雨吹得烟斗熏得腾腾。

突然，一位年轻的女士急匆匆地闯进了波洛的家，她脸色苍白，显然是吓坏了。她喘着气说道："请您一定要帮助我，先生波洛。我认为我见到了一个凶手！"

波洛熄灭了烟斗，端庄地坐了起来，问："请你坐下来，然后从头开始告诉我发生了什么事情。"

女士的名字叫艾米莉，她是当地的小学老师。她刚刚回到家中，发现自己的邻居，一位叫亨利的中年男士，躺在他家的客厅地板上，一动不动。

波洛点了点头，站了起来。他说："艾米莉小姐，请跟我去你邻居的家，我要亲自看看发生了什么事情。"

两人一起走到亨利的家，波洛仔细地检查了现场。亨利的尸体躺在地板上，脖子上有一道深深的伤口。波洛目光锐利，仔细观察了屋内的痕迹，他的脸上闪过一丝犀利的表情。

"看来这是一桩复杂的案子，"波洛说道。他开始问询艾米莉，关于她的邻居亨利以及亨利的亲戚、朋友和敌人。波洛聚焦在可能的嫌疑人身上，同时不忘细心观察每一个细节。

在接下来的几个小时里，波洛进行了一系列深入的调查，收集了足够的信息。最后，他决定召集所有相关人员，展开一场精彩的复盘。在复盘中，波洛逐一排除了嫌疑人，最终揭开了这个令人费解的谜团。

亨利的死因是一场复杂的阴谋，涉及家庭纷争和财产争夺。波洛用他敏锐的洞察力揭示了真相，让凶手无法逃脱正义的审判。

最后，波洛回到家中的图书室，重新点燃烟斗。雨停了，宁静恢复到乡村庄园。他知道，无论多复杂的案子，只要用心追寻，真相总会浮出水面。而这正是他作为侦探的使命。

图 2-7 ChatGPT 生成的回复

017　提供例子进行参考

用户在对 ChatGPT 进行提问时，可以提供一个具体的例子让其参考，等 ChatGPT 识别之后便可以生成更为满意的答案，详细的操作方法介绍如下。

步骤 01 在 ChatGPT 的输入框中输入提示词，如"旅行类短视频的标题文案通常是文艺且富有诗意的，如'漫步云端，寻觅诗和远方'，请提供 10 个类似的标题文案"，如图 2-8 所示。

图 2-8　在输入框中输入提示词

步骤 02 按【Enter】键发送，ChatGPT 会生成相应的回复，如图 2-9 所示。

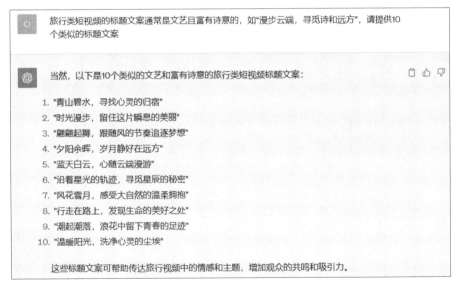

图 2-9　ChatGPT 生成的回复

018　指定生成表格

用户在与 ChatGPT 对话时，可以要求其以表格的形式给出回复，对要点提炼和短视频脚本创作等相关工作有很大的帮助。下面将介绍指定 ChatGPT 生成表格的操作方法。

步骤 01 打开 ChatGPT，在其输入框中输入"请用表格的形式列举出 5 种主食的优缺点"，如图 2-10 所示。

图 2-10　在输入框中输入提示词

步骤 02 按【Enter】键发送，ChatGPT 就会生成一个相应的表格，如图 2-11 所示。

	请用表格的形式列举出5种主食的优缺点	

下面是五种常见主食的优缺点，以表格形式列举：

主食类型	优点	缺点
大米	- 丰富的碳水化合物源，提供能量	- 低蛋白质和脂肪，缺乏一些营养元素
面食（面条）	- 快速烹饪，可与各种食材搭配	- 通常富含淀粉，高卡路里
面包	- 方便携带，长时间保存	- 部分面包可能含有过多的糖和添加剂
马铃薯	- 丰富的维生素C和钾	- 部分烹饪方法可能增加卡路里和脂肪含量
燕麦	- 高纤维，有益于消化和饱腹感	- 有人可能不喜欢其口感和味道

这只是一些主食的一般优缺点，具体情况可能会因个体需求和烹饪方式的不同而有所变化。主食的选择通常应考虑整体饮食平衡和个人偏好。

图 2-11　ChatGPT 生成的表格

019　进行身份设定

扫码看教学视频

ChatGPT 作为一个语言模型，它可以充当各式各样的角色，因此用户在与 ChatGPT 对话时，可以先赋予其身份，例如让 ChatGPT 充当文案策划专员，提供写作爆款文案的建议，ChatGPT 会生成更有参考价值的文案建议。下面介绍具体的操作方法。

步骤 01 在输入框中输入"你是一名经验丰富的设计师，你正在进行一款蓝牙耳机的设计工作，请问你在设计过程中会考虑哪些设计要素"，如图 2-12 所示。

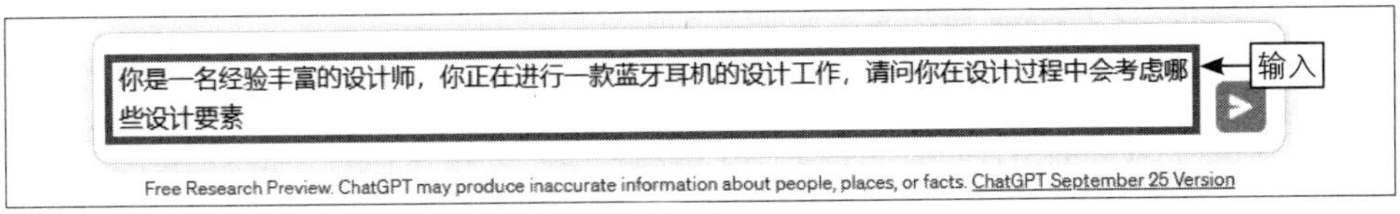

你是一名经验丰富的设计师，你正在进行一款蓝牙耳机的设计工作，请问你在设计过程中会考虑哪些设计要素 ← 输入

Free Research Preview. ChatGPT may produce inaccurate information about people, places, or facts. ChatGPT September 25 Version

图 2-12　在输入框中输入提示词

步骤 02 按【Enter】键发送，ChatGPT 会生成相应的回复，如图 2-13 所示。

> 你是一名经验丰富的设计师，你正在进行一款蓝牙耳机的设计工作，请问你在设计过程中会考虑哪些设计要素

在设计蓝牙耳机时，有许多设计要素需要考虑，以确保最终产品在功能性、美观性和用户体验方面都表现出色。以下是一些关键的设计要素：

1. **音质质量**：确保耳机提供高质量的音频输出，包括清晰的声音和深沉的低音。音质是蓝牙耳机的核心功能之一。
2. **舒适度**：蓝牙耳机需要设计得舒适，以便长时间佩戴。这包括选用舒适的耳塞或耳罩材料，以及考虑人耳的形状和大小。
3. **外观和品牌标识**：外观在市场中起到重要作用，因此需要考虑耳机的外观设计，以确保它们与品牌一致并吸引消费者。
4. **耐久性**：蓝牙耳机需要耐用，能够承受每天的使用，因此需要选择耐用的材料和设计结构。
5. **携带便捷性**：蓝牙耳机通常用于移动环境，因此便携性非常重要。考虑设计一个紧凑、易于携带的耳机外壳，以及充电盒等附件。
6. **电池寿命**：确保耳机具有足够长的电池寿命，以满足用户的需求，同时还需要考虑充电时间和充电方式。
7. **连接稳定性**：蓝牙连接的稳定性是关键。考虑采用最新的蓝牙技术，以确保连接质量，并降低延迟。
8. **控制和功能**：设计直观的控制按钮或触摸控制，以允许用户调整音量、播放/暂停音乐、接听电话等功能。
9. **防水和防汗设计**：考虑设计防水或防汗功能，以增加耳机的耐用性和适用性，特别是对于运动耳机。
10. **声音隔离**：设计有效的噪声隔离或主动降噪功能，以提供更好的音频体验，尤其是在嘈杂的环境中。
11. **微型化设计**：越来越多的用户喜欢小巧的蓝牙耳机，因此需要设计小型、轻便的耳机。
12. **兼容性**：确保蓝牙耳机兼容各种设备和操作系统，以提供广泛的用户覆盖范围。
13. **可维护性**：设计便维修或更换部件更容易的产品，以延长产品的寿命和减少废弃物。
14. **可持续性**：考虑环保和可持续性，例如选择可回收材料和降低能源消耗。
15. **安全性**：确保蓝牙连接和充电是安全的，以防止数据泄露或其他潜在威胁。

这些要素都需要在设计过程中综合考虑，以满足用户需求，并使产品在市场上具有竞争力。

图 2-13　ChatGPT 生成的回复

020 指定目标受众

扫码看教学视频

用户在与 ChatGPT 进行对话时，可以指定受众群体。通过提供特定领域、特定背景或专业知识相关的问题，可以让 ChatGPT 更好地理解你的需求，从而提供更准确、高效的回复。下面将介绍具体的操作方法。

步骤01 打开 ChatGPT，在其输入框中输入"请针对在公司进行午休的上班族创作一篇有关午睡枕的产品推广文案，要求突出午睡枕的面料、质量和实用性，不超过 300 字"，如图 2-14 所示。

> 请针对在公司进行午休的上班族创作一篇有关午睡枕的产品推广文案，要求突出午睡枕的面料、质 ← 输入
> 量和实用性，不超过300字
> ▶
>
> Free Research Preview. ChatGPT may produce inaccurate information about people, places, or facts. ChatGPT September 25 Version

图 2-14　在输入框中输入提示词

步骤02 按【Enter】键发送，ChatGPT 会生成相应的回复，如图 2-15 所示。

> CI 请针对在公司进行午休的上班族创作一篇有关午睡枕的产品推广文案，要求突出午睡枕的面料、质量和实用性，不超过300字
>
> 午休时间，是一天中最宝贵的片刻，为了让您的午睡更加舒适和放松，我们自豪地推出午睡枕!
>
> 午睡枕采用精选面料，柔软而透气，为您提供极佳的触感，不仅让您舒服入眠，还保持适宜的温度，不再热汗淋漓。我们一丝不苟地选材，确保产品质量，以确保您的午休始终如一，无论在家或办公室。
>
> 实用性是午睡枕的重要卖点。它不仅适用于午休，还是长途旅行、读书和电视时间的理想伴侣。午睡枕的紧凑设计，轻巧便携，您可以轻松携带，享受随时随地的休息。
>
> 不再为午休时间的不足而烦恼。午睡枕是您追求品质生活和全面放松的必备之物。感受午休的魅力，尽情享受美梦吧，从现在开始，拥有午睡枕，拥有更美好的午休生活!

图 2-15　ChatGPT 生成的回复

021 设定叙述的视角

扫码看教学视频

在平时的写作过程中，用户可以通过在不同的段落或章节中使用不同的视角，引入不同的人物、观点或经历，从而丰富文章的内容。

将这个思路运用到提示词的编写中，可以让 ChatGPT 更好地完成创作任务。下面将介绍具体的操作方法。

步骤 01 打开 ChatGPT，在其输入框中输入"请以第一人称视角创作一篇动物纪录片的开场旁白文案"，如图 2-16 所示。

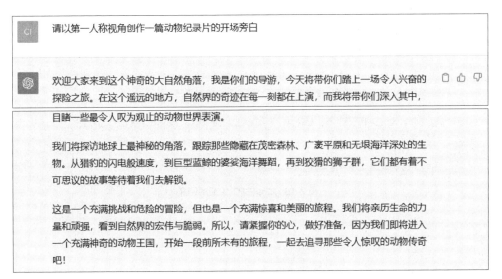

图 2-16 在输入框中输入提示词

步骤 02 按【Enter】键发送，ChatGPT 会生成对应的回复，如图 2-17 所示。

CI　请以第一人称视角创作一篇动物纪录片的开场旁白

欢迎大家来到这个神奇的大自然角落，我是你们的导游，今天将带你们踏上一场令人兴奋的探险之旅。在这个遥远的地方，自然界的奇迹在每一刻都在上演，而我将带你们深入其中，目睹一些最令人叹为观止的动物世界表演。

我们将探访地球上最神秘的角落，跟踪那些隐藏在茂密森林、广袤平原和无垠海洋深处的生物。从猎豹的闪电般速度，到巨型蓝鲸的婆娑海洋舞蹈，再到狡猾的狮子群，它们都有着不可思议的故事等待着我们去解锁。

这是一个充满挑战和危险的冒险，但也是一个充满惊喜和美丽的旅程。我们将亲历生命的力量和顽强，看到自然界的宏伟与脆弱。所以，请紧握你的心，做好准备，因为我们即将进入一个充满神奇的动物王国，开始一段前所未有的旅程，一起去追寻那些令人惊叹的动物传奇吧！

图 2-17 ChatGPT 生成的回复

022 加入种子词

种子词是指生成文章中需要包含的字词。在提示词中加入种子词，可以帮助 ChatGPT 模型更快地提取到恰当的文本数据，从而生成更为有效的答案。

扫码看教学视频

例如，在 ChatGPT 的输入框中输入"请根据种子词生成一篇手链新品推广文案，不超过 300 个字（另起一行）种子：纯银材质、橄榄石、莲花"，按【Enter】键发送，ChatGPT 会生成相应的回复，如图 2-18 所示。

23

请根据种子词生成一篇手链新品推广文案，不超过300个字
种子词：纯银材质、橄榄石、莲花

纯银韵致，橄榄石之花

在这个季节，我们自豪地推出一款纯银橄榄石手链，散发着高贵和神秘的魅力，仿佛在您的手腕上开放一朵莲花。

🪶 **纯银材质**：纯银，那闪烁的白银，代表着纯洁和坚韧。我们的手链由纯银精心制作，轻盈舒适，保持如新，为您绽放光彩。

🪷 **莲花之美**：莲花，生命的象征，开放在泥泞中，却不染尘埃。手链上的莲花图案，恰如您的内心，洁净而坚韧。

💚 **翡翠绿橄榄石**：橄榄石的神秘翠绿，宛如大自然的一抹清新。它散发着平静与和谐的能量，为您的生活注入活力。

这款手链不仅仅是一件饰品，更是一段故事。它象征着您的成长、坚韧，和纯粹。无论是作为自我奖励，还是送给挚爱，都将是一份珍贵的礼物，寓意着美好未来。

放下繁忙，让这款手链陪伴您，感受内心莲花的绽放。探寻纯银与橄榄石之美，从此开启更美好的生活。

#纯银手链 #橄榄石之美 #莲花韵致 #内心绽放

图 2-18　ChatGPT 生成的回复

第 3 章

高效提问：掌握与 ChatGPT 对话的方法

ChatGPT 生成文案的质量与用户的提问方式密切相关，因此当用户对 ChatGPT 初次提供的文案不太满意时，可以采取一些方法，引导 ChatGPT 生成高效、符合预期的回复。本章将介绍对 ChatGPT 进行高效提问的方法。

023 添加关键信息

扫码看教学视频

ChatGPT 是根据用户提供的提示词来生成文案的，因此文案的内容与提示词有关。一般来说，越准确、有针对性的提示词越会获得更令人满意、高效的回复，这就要求用户在编写提示词时应注重问题的核心和关键点，并将其融入提示词中。

例如，用户的需求是写一篇美食推文，不能单纯地将"请写一篇美食推文"作为提示词输给 ChatGPT，而应该稍加思考，有无可确定的主题、受众人群、字数要求等，所有涉及推文的相关点都可以视作关键信息给予 ChatGPT 以生成文案。

下面将举例示范在提示词中添加关键信息引导 ChatGPT 生成回复的操作方法。

步骤01 打开 ChatGPT，在其输入框中输入"请帮我写一篇面向喜欢吃辣的人群、关于一家川菜馆的美食推文，要求 150 字左右"，如图 3-1 所示。

图 3-1　在输入框中输入提示词

步骤02 按【Enter】键发送，ChatGPT 会生成相应的回复，如图 3-2 所示。

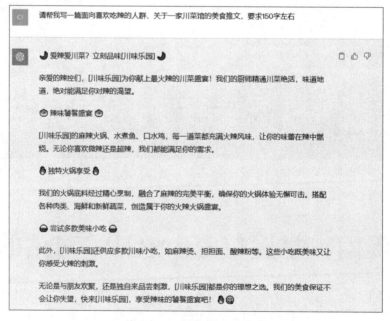

图 3-2　ChatGPT 生成的回复

可以看出，ChatGPT 按照用户所给的提示词，贴合推文的受众群体和主题，提供了一篇要点突出、诱惑力十足的美食推文，能够为用户提供一些灵感。

024　循序渐进地进行提问

相对于其他 AI 机器，ChatGPT 的优势在于擅长联系上下文来生成答案，因此用户可以将 ChatGPT 视作"人"来进行沟通，通过循序渐进地进行提问，使回复更加接近我们的预期。下面将举例介绍具体的操作方法。

扫码看教学视频

步骤 01　在 ChatGPT 的输入框中输入"创作一篇寓言故事要做哪些准备"，按【Enter】键发送，ChatGPT 给出创作寓言故事的准备步骤，如图 3-3 所示。

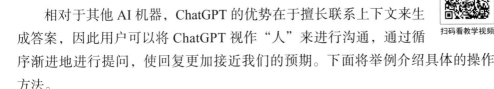

创作一篇寓言故事要做哪些准备

创作一篇寓言故事需要一些准备工作，以下是一些关键步骤和考虑因素：

1. 主题选择：首先，确定你希望故事传达的主题或道德教训。寓言故事通常用来传达道德、价值观或教育性的信息。
2. 目标受众：考虑你的受众是谁。你是写给儿童还是成人？这将影响你的语言和故事情节。
3. 角色和情节：决定故事的主要角色，通常是动物或拟人化的角色。考虑每个角色的特征和性格。然后，构思故事情节，包括起始点、冲突和结局。
4. 教训或主题的明确性：确保你的故事传达的主题或道德教训明确且易于理解。这是寓言故事的关键元素之一。
5. 叙述风格：选择一种叙述风格，如第一人称或第三人称，以及过去时或现在时。确保这种风格适合你的受众和故事内容。
6. 笔调和语言：选择合适的笔调和语言，以确保它们与你的主题和目标受众一致。这可以是幽默、悲剧、童话式或其他风格。
7. 想象力和创造力：发挥你的想象力，创造吸引人的角色、场景和情节。让你的故事生动有趣。
8. 结构规划：安排你的故事结构，包括引子、发展、高潮和结尾。确保情节发展连贯，引人入胜。
9. 编写草稿：开始写故事的初稿，不必担心完美的语言和结构，重要的是把故事写下来。
10. 修订和编辑：完成初稿后，进行修订和编辑。检查语法、拼写和逻辑错误，确保故事流畅且易于理解。
11. 读者反馈：如果可能，请让其他人阅读你的故事，听取他们的反馈，并作出改进。
12. 最终版本：完成最终版本，并考虑是否需要插图或其他视觉元素来增强你的寓言故事。

记住，创作寓言故事需要时间和耐心。不要急于完成，而是精心打磨，确保你的故事能够有效地传达你想要的信息或教训。

图 3-3　ChatGPT 给出创作寓言故事的准备步骤

步骤 02 在同一个聊天窗口中输入"如何选择合适的叙述风格"，按【Enter】键发送，ChatGPT 给出选择叙述风格的方法，如图 3-4 所示。

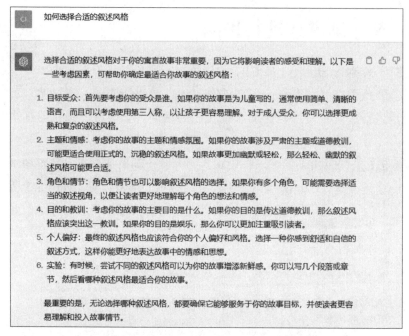

图 3-4　ChatGPT 给出选择叙述风格的方法

步骤 03 用户还可以提问其他细节，例如输入"如何将动物塑造成故事的主角"，按【Enter】键发送，ChatGPT 给出塑造动物角色的方法，如图 3-5 所示。

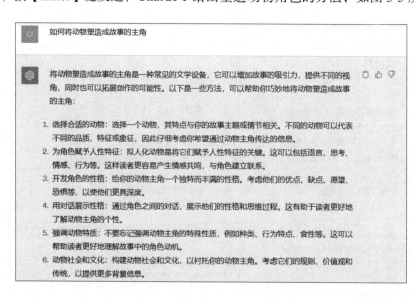

> 7. 利用象征意义：动物通常具有象征意义。考虑这些象征，看它们是否可以加强你故事的主题或道理。
> 8. 与人类对比：在故事中，可以通过与人类进行对比来突出动物主角的独特性。这种对比可以帮助读者更好地理解角色和他们的挑战。
> 9. 发展故事情节：确保你的故事情节与动物主角的特征和性格相互契合。让他们面对与他们的特点相关的挑战和冲突。
> 10. 引发情感共鸣：让读者与动物主角建立情感共鸣，使他们能够与动物主角的经历和情感产生联系。
>
> 将动物塑造成故事的主角可以为你的作品增添独特性和创意，但需要确保角色的塑造和情节与你的故事目标一致。

图 3-5　ChatGPT 给出塑造动物角色的方法

可以看出，ChatGPT 根据用户循序渐进的提问会给出更加细致的回复。用户运用这个方法向 ChatGPT 提问时，相当于将 ChatGPT 视作一个知识渊博的"人"，循序渐进地抛出问题让其满足我们的好奇心。

025　鼓励 ChatGPT 进行思考

扫码看教学视频

用户在向 ChatGPT 提问时，可以采用鼓励的方式让 ChatGPT 给出更加详细、完整、有创意的看法。这类提问方式适用于开放性的问题，可以用"让我们思考一下……""让我们讨论一下……""还有什么其他的想法吗"等句式来提问。下面将举例介绍具体的操作方法。

步骤 01 在 ChatGPT 的输入框中输入"让我们思考一下：关于中秋节可以策划哪些有意义的团建活动"，按【Enter】键发送，ChatGPT 给出策划团建活动的建议，如图 3-6 所示。

> 让我们思考一下：关于中秋节可以策划哪些有意义的团建活动
>
> 中秋节是中国传统的重要节日之一，团队可以利用这个时机策划一些有意义的团建活动，以增进团队的凝聚力和合作精神。以下是一些关于中秋节的团建活动的建议：
>
> 1. **月饼制作比赛**：让团队成员分成小组，亲手制作月饼。这不仅有助于培养创造力和合作，还可以增进成员之间的情感交流。
> 2. **赏月活动**：在户外或天台举行月亮赏月活动。成员可以一起分享月饼，欣赏美丽的月亮，同时也可以开展一些户外游戏和团队建设活动。
> 3. **中秋晚会**：组织一场中秋主题的晚会，包括歌舞表演、诗歌朗诵、戏剧表演等，让团队成员展示自己的才艺。
> 4. **中秋主题工作坊**：举办工作坊，教授成员有关中秋节的文化知识，例如传统的中秋故事、诗歌、绘画等。这有助于促进文化理解和团队的跨文化交流。
> 5. **慈善活动**：中秋节也是一个关心他人的好时机。组织团队成员一起参与慈善活动，例如探访养老院，为需要帮助的人提供温暖和关怀。

图 3-6

> 6. **月亮烛光晚餐**：安排一场户外月亮烛光晚餐，成员可以在户外用餐，点燃蜡烛，享受宁静的氛围，促进深入的交流。
> 7. **团队游戏**：选择一些中秋主题的团队游戏，例如"找月亮"迷宫游戏，或者进行寻宝游戏，以鼓励团队协作和解决问题的能力。
> 8. **中秋节装饰比赛**：鼓励团队成员一起装饰办公室或活动场地，展示他们的创意和美术技巧。最好的装饰可以获得奖励。
>
> 这些活动可以根据团队的规模和兴趣进行调整，以确保每个团队成员都能积极参与，加强团队的凝聚力和合作精神。

图 3-6 ChatGPT 给出策划团建活动的建议

步骤 02 在同一个聊天窗口中输入"这些建议给了我一些新思路，还有什么其他的想法吗"，按【Enter】键发送，ChatGPT 会给出更多的团建活动创意，如图 3-7 所示。

> CI　这些建议给了我一些新思路，还有什么其他的想法吗
>
> 当然，还有一些其他有趣的中秋团建活动的想法，可以让你的团队在这个特殊的节日中度过愉快的时光：
>
> 1. **中秋文化展览**：让团队成员准备展览，展示他们所在地区或文化中关于中秋节的传统食品、节庆习俗、服饰、艺术品等。这可以促进文化交流和理解。
> 2. **中秋拓展训练**：组织一个拓展训练活动，例如攀岩、绳网挑战、团队建设课程等，以提高团队协作、沟通和领导技能。
> 3. **音乐会**：如果你的团队中有音乐爱好者，可以组织一场中秋音乐会，成员可以演奏自己喜欢的中秋相关音乐。
> 4. **团队故事分享**：鼓励成员分享与中秋节有关的故事，这些故事可以是个人经历、传统神话或中秋节庆典中的有趣经历。
> 5. **中秋主题艺术创作**：提供绘画、雕塑或手工艺材料，鼓励团队成员创作与中秋节主题相关的艺术作品，然后进行展示。
> 6. **团队厨艺挑战**：让团队成员参加烹饪比赛，他们可以在限定时间内准备中秋美食，然后由评审评定获胜者。
> 7. **中秋节知识竞赛**：组织一个中秋节知识竞赛，成员可以组队参赛，回答与中秋节相关的问题，以测试他们的知识。
>
> 这些活动可以根据团队的兴趣和特点进行定制，以增进团队的凝聚力、互信和合作精神。无论你选择哪种活动，关键是确保每个团队成员都能积极参与，享受中秋节的欢乐氛围。

图 3-7 ChatGPT 给出更多的团建活动创意

026　让 ChatGPT 做出选择

当用户想让 ChatGPT 生成更有针对性的文案时，可以提供多个选项进行提问，类似于让 ChatGPT 做选择题，ChatGPT 会选择合适的选项，并给出答案的解析。下面将举例介绍具体的操作方法。

扫码看教学视频

步骤 01 在 ChatGPT 的输入框中输入"我是一名 30 岁的单身女性，居住的房子虽然面积大但比较偏僻，想养一只黑色的狗狗用来防身和陪伴，要求掉毛少、体型中等、智商高，请从以下选项中选出符合我要求的狗狗，并说明原因（另起一行）狗狗有：1、阿拉斯加犬；2、蝴蝶犬；3、吉娃娃；4、德国牧羊犬"，如图 3-8 所示。

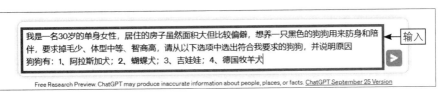

图 3-8　在输入框中输入提示词

步骤 02 按【Enter】键发送，ChatGPT 按照提示词给出回复，如图 3-9 所示。

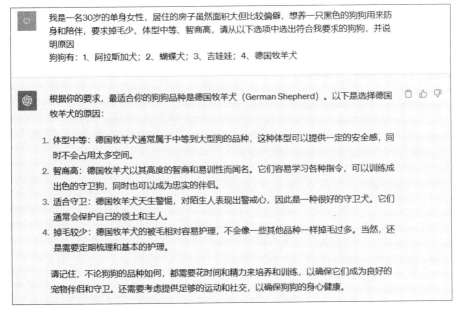

图 3-9　ChatGPT 按照提示词给出回复

027　将问题进行归纳

扫码看教学视频

　　用户在编写提示词时，可以将有共性的问题整理、归纳在一起，作为提示词提供给 ChatGPT。这类提问方式有很好的目标指向性，会涉及分类、归纳和概括的思维过程，能够引导 ChatGPT 给出有针对性和逻辑性强的回复。下面将举例介绍具体的操作方法。

步骤 01 在 ChatGPT 的输入框中输入"莎士比亚的戏剧有什么特色？对于短剧剧本的写作有哪些启示？"如图 3-10 所示。

莎士比亚的戏剧有什么特色？对于短剧剧本的写作有哪些启示？ ←──输入

Free Research Preview. ChatGPT may produce inaccurate information about people, places, or facts. ChatGPT September 25 Version

图 3-10 在输入框中输入提示词

步骤 02 按【Enter】键发送，ChatGPT 会结合这两个问题给出回复，如图 3-11 所示。

CI　莎士比亚的戏剧有什么特色？对于短剧剧本的写作有哪些启示？

莎士比亚的戏剧具有许多特色，他的作品在戏剧史上占据了重要地位。以下是一些莎士比亚戏剧的特色：

1. 人物塑造：莎士比亚的戏剧以其深刻的人物塑造而闻名。他的角色通常具有复杂的性格和动机，展现出各种情感和冲突。这使得观众可以共鸣和理解角色的内心世界。
2. 语言：莎士比亚的戏剧以其精美的诗歌和戏剧性的对白而著名。他创造了许多新词汇和表达方式，以丰富英语语言。他的对白充满了隐喻、比喻和双关语，给观众留下了深刻的印象。
3. 主题：莎士比亚的作品涵盖了广泛的主题，包括爱情、权力、冲突、背叛、宽恕和人性的复杂性。他探讨了人类生活中的重大问题，使他的作品在不同时代和文化中都具有普遍的吸引力。
4. 结构：莎士比亚的戏剧通常具有五幕的结构，包括起始、发展、高潮、转折和结局。这种戏剧结构在许多现代戏剧中仍然被广泛采用。

对于短剧剧本的写作，可以从莎士比亚的作品中获得一些启示：

1. 人物发展：即使是短剧，也要注重人物的深度和发展。创造有趣、复杂的角色，让他们在故事中有机会经历变化和成长。
2. 对白和语言：借鉴莎士比亚的对白技巧，创造生动的、有趣的对白，可以提升剧本的质量。运用比喻、隐喻和幽默，使对白更具表现力。
3. 主题和情感：即使是短剧，也可以探讨深刻的主题和情感。选择一个引人入胜的主题，并通过角色和情节展示其复杂性。
4. 结构：确保你的短剧有清晰的戏剧结构，包括引人入胜的开始、高潮和令人满意的结局。即使时间有限，也要努力创造有张力的情节。

总之，莎士比亚的戏剧作品可以为短剧剧本的创作提供许多有价值的启示，包括人物塑造、对白技巧、主题探讨和戏剧结构。这些元素可以帮助你创作引人入胜的短剧剧本。

图 3-11 ChatGPT 结合两个问题给出回复

028　设置约束性条件

扫码看教学视频

当用户需要生成一些有固定模板、风格、框架等固定形式的文案时，可以用设置约束性条件的方式向 ChatGPT 提问，从而获得更加精准的内容。

例如，在输入框中输入"帮我按以下框架写一份'春夏上班时间调整通知'，要求 200 字左右，内容清晰、简洁（另起一行）××××（具体条件）"，按【Enter】键发送，ChatGPT 会按照提示词中的框架完成通知的撰写，如图 3-12 所示。可以看出，ChatGPT 根据提示词中的框架和主题填充了较为正式、规矩的内容。

> **CI** 帮我按以下框架写一份"春夏上班时间调整通知"，要求 200 字左右，内容清晰、简洁
> 通知标题
> 调整原因
> 从 2024 年 5 月 13 日起，我们将执行以下上下班时间安排：
> 上班时间：8:30
> 下班时间：18:15
> 注意事项
> 通知时间：2024 年 5 月 8 日
> 行政部

> 春夏上班时间调整通知
>
> 亲爱的同事们，
>
> 为了更好地满足春夏季工作需求，自 2024 年 5 月 13 日起，我们将调整上下班时间如下：
>
> • 上班时间：8:30
> • 下班时间：18:15
>
> 这一调整将有助于提高工作效率，并确保员工在更舒适的气温下工作。请务必遵守新的工作时间，以确保工作顺利进行。
>
> 我们感谢您的理解和支持。如有任何疑问或特殊情况，请与您的主管或人事部联系，我们将尽力提供协助。
>
> 此通知于 2024 年 5 月 8 日发布，我们期待在新的工作时间安排下共同取得更大的成就。
>
> 行政部

图 3-12　ChatGPT 完成通知的撰写

029　添加条件进行循环提问

扫码看教学视频

　　当用户对 ChatGPT 的回复不太满意时，可以采用在提示词中添加条件进行循环提问的方式，在 ChatGPT 所给回复的基础上不断地进行追问，直到获得接近用户预期的答案为止。

　　这类提问方式相当于挖掘 ChatGPT 的潜力，通过提问的方式让 ChatGPT 自行优化升级，从而获得最优的解决方案。下面将举例介绍具体的操作方法。

　　步骤01 在 ChatGPT 的输入框中输入"请创作一首主题为金桂的小诗，不超过 50 个字"，按【Enter】键发送，ChatGPT 会给出符合主题的回复，如图 3-13 所示。

图 3-13　ChatGPT 给出符合主题的回复

　　步骤02 在同一个聊天窗口中输入"请重新写一首小诗，要求多一些新意和感情，并给予解释"，按【Enter】键发送，ChatGPT 会按照要求给出回复，如图 3-14 所示。

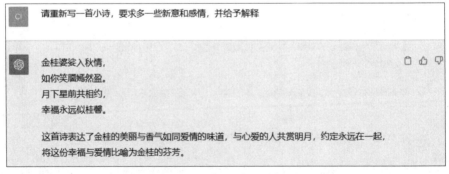

图 3-14　ChatGPT 按照要求给出回复

　　步骤03 在同一个聊天窗口中输入"请重新写一首小诗，要求比前面的诗更富有哲理，并给予解释"，按【Enter】键发送，ChatGPT 会按照要求给出新的回复，如图 3-15 所示。

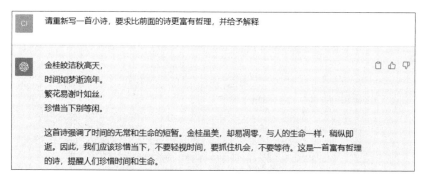

图 3-15 ChatGPT 按照要求给出新的回复

030 综合多个维度进行提问

扫码看教学视频

利用综合多维度提问的方式可以获得更加全面、深入的回复，如让 ChatGPT 综合剧情、导演风格、角色表演、视觉效果等多个维度来评价一部电影，可以获得更清晰、明确的答案。下面将举例介绍具体的操作方法。

步骤01 在 ChatGPT 的输入框中输入"《乱世佳人》的剧情有什么特点？"按【Enter】键发送，ChatGPT 会给出剧情方面的电影评价，如图 3-16 所示。

图 3-16 ChatGPT 给出剧情方面的电影评价

步骤 02 在同一个聊天窗口中输入"主演的演技如何？是否让观众有强烈的代入感？"按【Enter】键发送，ChatGPT 会给出角色表演方面的电影评价，如图 3-17 所示。

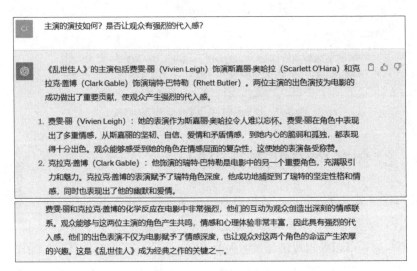

图 3-17 ChatGPT 给出角色表演方面的电影评价

步骤 03 在同一个聊天窗口中输入"电影的视觉效果如何？"按【Enter】键发送，ChatGPT 会给出视觉效果方面的电影评价，如图 3-18 所示。

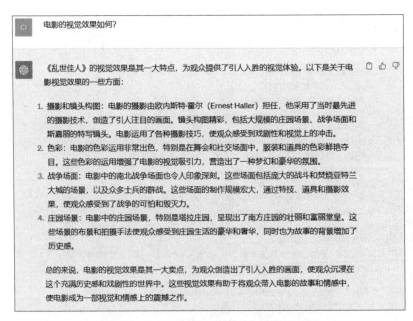

图 3-18 ChatGPT 给出视觉效果方面的电影评价

可以看出，从多个维度向 ChatGPT 提问电影评价，会获得更多有针对性的电影信息，而综合这些电影信息便可以获得更加全面的电影解读。

031　指定回复的风格

扫码看教学视频

当用户需要指定 ChatGPT 的语言风格、内容属性时，可以套用"你的角色【专业领域】+你的能力【成果期待】+我希望你【任务需求】"这一固定提示词模板，让 ChatGPT 生成我们想要的回复。

例如，在 ChatGPT 的输入框中输入"你的角色是美食博主，你拥有高超的品鉴和写作能力，能够通过文字将食物的色香味描述出来。现在我希望你为一家烧烤店的炭烤牛蛙创作一篇微博文章，要求突出炭烤牛蛙的美味，不超过 300 个字"，按【Enter】键发送，ChatGPT 会生成对应的微博文章，如图 3-19 所示。

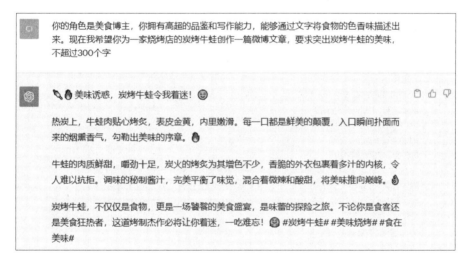

图 3-19　ChatGPT 会生成对应的微博文章

032　生成专业的回复

扫码看教学视频

随着 ChatGPT 的应用场景不断扩大，使用人群不断增多，人们对使用 ChatGPT 生成更加专业的回复的需求也不断增多。而掌握"问题背景+任务需求+行业专家模板或方法论"这一提示词模板，能够帮助我们提高使用 ChatGPT 的效率。

例如，在 ChatGPT 的输入框中输入"根据《金字塔原理》书中的理论，生成 3 条关于吹风机的广告文案，并说明为什么符合书中的理论"，按【Enter】键发送，ChatGPT 会给出有专业性的理论支撑的文案，如图 3-20 所示。

 根据《金字塔原理》书中的理论，生成3条关于吹风机的广告文案，并说明为什么符合书中的理论

《金字塔原理》是一本经典的沟通和写作理论书籍，提供了关于如何有效地组织思想和信息的指导原则。根据这本书中的理论，下面是三条关于吹风机的广告文案，以及它们为何符合金字塔原理的理论：

1. **文案1：**
   "速干之王！
   体验绝佳的吹风速度！
   无需再等待漫长的头发干燥时间。
   无论您是忙碌的专业人士，还是家庭主妇，
   我们的吹风机将迅速完成工作！
   符合金字塔原理的理由：

   这个广告文案首先强调了产品的核心特点，即"速干"。这符合金字塔原理中的首要原则，即在通信中突出主要信息。文案从吹风机的主要优点入手，为潜在客户提供了关于产品性能的清晰信息。接着，文案提到了产品的适用人群，这在金字塔原理中代表了提供支持性的信息。

2. **文案2：**
   "塑造完美发型的秘密！
   创造出各种风格，轻松自如。
   我们的吹风机配备多种风速和温度设置，
   帮您实现理想中的发型！
   符合金字塔原理的理由：

   这个广告文案首先引起了读者的兴趣，提供了一个有吸引力的承诺："塑造完美发型的秘密"。然后，文案提供了产品的关键特点，即多种风速和温度设置，这符合金字塔原理中关于提供支持性信息的原则。文案将产品的优势与用户的需求连接起来，使其更具说服力。

3. **文案3：**
   "轻松管理头发健康！
   专业级陶瓷加热技术，
   减少热损伤，打造光滑柔顺的秀发！
   我们的吹风机既强大又温和，
   为您的发型和头皮提供最佳护理！
   符合金字塔原理的理由：

   这个广告文案首先突出了产品的卖点，即专业级陶瓷加热技术，这符合金字塔原理中的重要原则，即强调核心信息。接着，文案提供了产品如何满足用户的需求，即减少热损伤，打造光滑柔顺的秀发。最后，文案强调了产品的全面性，即既强大又温和，为用户提供最佳护理，这符合金字塔原理中的提供支持性信息的原则。

   这些广告文案都遵循了金字塔原理中的理论原则，即首先强调主要信息，然后提供支持性信息，以吸引并说服潜在客户。

图 3-20　ChatGPT 给出有专业性理论支撑的文案

033　拓宽模型的思维

扫码看教学视频

　　如果用户需要用 ChatGPT 来生成创意项目及策划类的方案，可以在提示词的末尾加上"What are some alternative perspectives？（有哪些可以考虑的角度）"，这个指令可以拓宽 ChatGPT 模型的思维广度。下面将举例介绍具体的操作方法。

　　步骤 01 在 ChatGPT 的输入框中输入"介绍一下早睡早起的好处，What are some alternative perspectives？"如图 3-21 所示。

图 3-21　在输入框中输入提示词

　　步骤 02 按【Enter】键发送，ChatGPT 会给出相应的回复，如图 3-22 所示。

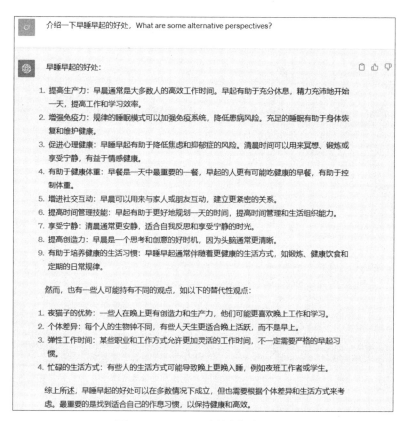

图 3-22　ChatGPT 会给出相应的回复

【热门应用篇】

第 4 章

ChatGPT+ 办公应用：让工作效率起飞

　　用户在处理 Word、Excel 等办公文档时，可以借助 ChatGPT 来进行文本和数据的处理、函数公式的编写、思维导图的制作，从而降低工作难度，提高办公效率。本章将介绍 ChatGPT 在办公领域的应用。

034　查找拼写错误

扫码看教学视频

ChatGPT 可以进行拼写检查，帮助用户找出文档中可能存在的拼写错误。用户只需将文档内容输入到 ChatGPT 中，它将会检查并标示出可能的拼写错误，并提供正确的拼写替换建议，下面介绍具体的操作方法。

步骤 01　打开一个 Word 文档，将内容复制一份，在 ChatGPT 聊天窗口的输入框中输入"为以下内容进行拼写检查："，另起一行，按【Ctrl+V】组合键粘贴复制的内容，按【Enter】键发送，ChatGPT 即可进行拼写检查并修正错误内容，如图 4-1 所示。

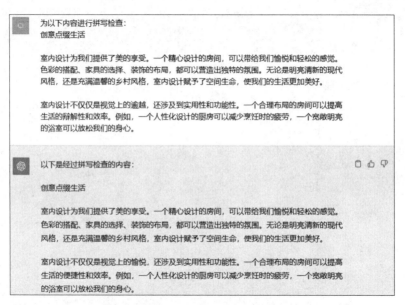

图 4-1　ChatGPT 拼写检查并修正错误内容

步骤 02　如果用户不想花费时间逐一核对，可以要求 ChatGPT 反馈检查结果，输入"反馈一下检查结果，单独列出错误的内容"，ChatGPT 的回复如图 4-2 所示，可以看到 ChatGPT 向用户反馈了检查结果中错误的内容。

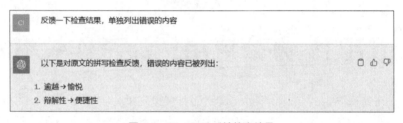

图 4-2　ChatGPT 反馈检查结果

步骤 03 用户可以根据 ChatGPT 反馈的错误内容，在 Word 中对内容进行修改，如图 4-3 所示。

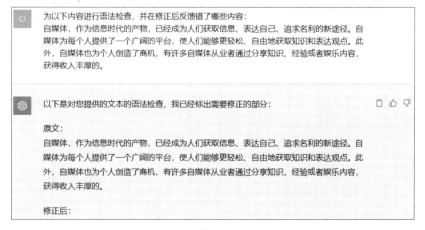

图 4-3　在 Word 中对内容进行修改

035　查找语法错误

扫码看教学视频

ChatGPT 还可以进行语法检查，帮助用户找出文档中的语法错误。无论是句子结构、主谓一致性还是标点符号使用，ChatGPT 都能帮助用户发现并纠正潜在的语法问题，下面介绍具体的操作方法。

步骤 01 打开一个 Word 文档，将内容复制一份，在 ChatGPT 聊天窗口的输入框中输入"为以下内容进行语法检查，并在修正后反馈错了哪些内容："，按【Shift+Enter】组合键换行，并粘贴复制的文档内容，按【Enter】键发送，ChatGPT 即可进行语法检查修正并反馈修正内容，如图 4-4 所示。

图 4-4

自媒体，作为信息时代的产物，已经成为人们获取信息、表达自己、追求名利的新途径。自媒体为每个人提供了一个广阔的平台，使人们能够更轻松、自由地获取知识和表达观点。此外，自媒体也为个人创造了商机，有许多自媒体从业者通过分享知识、经验或者娱乐内容获得丰厚的收入。

修正内容：

1. "获得收入丰厚的"修正为"获得丰厚的收入"，修改了词序。
2. 在修正中去掉了多余的逗号，使句子更加流畅。

修正后的文本已经没有明显的语法错误。

图 4-4　ChatGPT 进行语法检查修正并反馈修正内容

步骤 02 用户可以根据 ChatGPT 反馈的错误内容，在 Word 中对内容进行修改，如图 4-5 所示。

自媒体，作为信息时代的产物，已经成为人们获取信息、表达自己、追求名利的新途径。

自媒体为每个人提供了一个广阔的平台，使人们能够更轻松、自由地获取知识和表达观点。

此外，自媒体也为个人创造了商机，有许多自媒体从业者通过分享知识、经验或者娱乐内容

获得丰厚收入 ◄── 修改

图 4-5　在 Word 中对内容进行修改

036　统计空格的数量

扫码看教学视频

　　在现代办公环境中，准确统计文档中的空格数量对编辑和排版工作来说至关重要。ChatGPT 的文本处理能力能够通过分析文档的字符级别结构，精确计算并提供准确的空格数量统计，以便用户进行进一步的编辑和格式化工作，下面介绍统计空格数量的操作方法。

步骤 01 打开一个 Word 文档，将内容复制一份，在 ChatGPT 聊天窗口的输入框中输入"统计以下内容中的空格数量，并清除空格："另起一行，粘贴复制的文档内容，按【Enter】键发送，ChatGPT 即可统计空格数量，并向用户提供清除空格后的文本，如图 4-6 所示。

 统计以下内容中的空格数量，并清除空格：
办公室用水节约 至关重要，请每位同事在日常工作中 采取行动。关闭 水龙头，修复漏水点，使用双面打印，选择可重复 使用的杯子，每一举措 都对水资源保护 有所帮助。我们每个人 的小改变 汇集起来，将产生巨大 影响。让我们团结一心，为了可持续的未来，从办公室开始节约 用水。

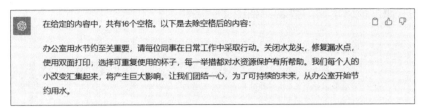

图 4-6　ChatGPT 统计的空格数量和清除空格后的文本

步骤 02 复制 ChatGPT 清除空格后的文本，将文档中的内容进行替换，效果如图 4-7 所示。

办公室用水节约至关重要。请每位同事在日常工作中采取行动。关闭水龙头，修复漏水点，使用双面打印，选择可重复使用的杯子，每一举措都对水资源保护有所帮助。我们每个人的小改变汇集起来，将产生巨大影响。让我们团结一心，为了可持续的未来，从办公室开始节约用水。↵

图 4-7　将内容进行替换的效果

037　统计单词的数量

借助 ChatGPT 的语言处理能力，用户可以快速而准确地统计文档中的单词数量。无论是长篇文章还是简短文档，ChatGPT 都能够对文本进行细致的分析，帮助用户轻松获取单词数量的统计结果，为用户的编辑工作提供有力的支持，下面介绍具体的操作方法。

扫码看教学视频

步骤 01 打开一个 Word 文档，选择所有的英语单词，在单词上单击鼠标右键，在弹出的快捷菜单中选择"复制"命令，如图 4-8 所示，将其复制一份。

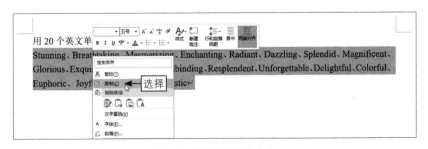

图 4-8　选择"复制"命令

步骤 02 在 ChatGPT 聊天窗口的输入框中输入"统计以下有多少个单词："，按【Shift+Enter】组合键换行，并粘贴复制的内容，按【Enter】键发送，

ChatGPT 即可统计单词的数量，如图 4-9 所示。

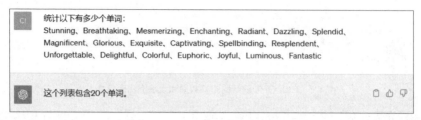

图 4-9　ChatGPT 统计单词的数量

038　统计句子的数量

在编辑和校对文本时，了解文档中的句子数量对确保文章结构和语法的准确性至关重要。ChatGPT 可以对文本进行语法和句子结构的分析，从而准确计算出文档中的句子数量，下面介绍具体的操作方法。

扫码看教学视频

步骤01 打开一个 Word 文档，选择正文内容，单击鼠标右键，在弹出的快捷菜单中选择"复制"命令，如图 4-10 所示，将其复制一份。

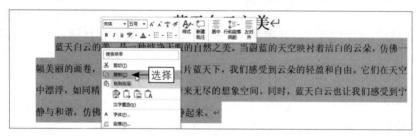

图 4-10　选择"复制"命令

步骤02 在 ChatGPT 聊天窗口的输入框中输入"统计下文中有多少个句子："，按【Shift+Enter】组合键换行，并粘贴复制的文档内容，按【Enter】键发送，ChatGPT 即可统计句子的数量，如图 4-11 所示。

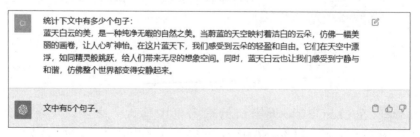

图 4-11　ChatGPT 统计句子的数量

039　对文本进行分类

使用 ChatGPT 进行文本分类可以帮助我们快速而准确地对文本进行归类和整理，下面介绍具体的操作方法。

步骤 01 打开一个 Word 文档，将要统计的物品复制一份，在 ChatGPT 聊天窗口的输入框中输入"对以下内容进行分类处理："，按【Shift+Enter】组合键换行并粘贴复制的文本内容，按【Enter】键发送，ChatGPT 即可进行文本分类处理，如图 4-12 所示。

步骤 02 复制分类后的文本，在 Word 中进行文本替换，效果如图 4-13 所示。

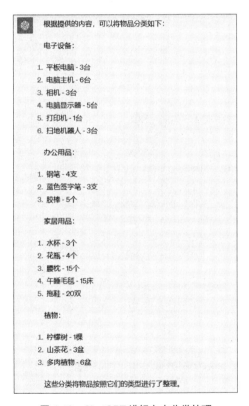

图 4-12　ChatGPT 进行文本分类处理　　图 4-13　在 Word 中进行文本替换的效果

040　对内容进行分析

ChatGPT 具备处理和理解自然语言的能力，能够帮助用户发现文本中的关键信息，并提供有关内容的分析和见解。使用 ChatGPT

对内容进行分析可以帮助用户深入挖掘文本的含义和主题，以及对其中的趋势和模式进行识别，下面介绍具体的操作方法。

 打开一个 Word 文档，将需要分析的文本复制一份，在 ChatGPT 聊天窗口的输入框中输入"对下文中的主题和主要论点进行分析："，按【Shift+Enter】组合键换行并粘贴复制的文本内容，按【Enter】键发送，ChatGPT 即可对文本内容进行分析处理，如图 4-14 所示。

> **对下文中的主题和主要论点进行分析：**
> 商详视频在如今的电子商务环境中扮演着重要的角色。它提供了更具体的产品展示，可以解答潜在消费者的疑虑，引起他们的兴趣。此外，商详视频还能够增强品牌形象和消费者对品牌的信任感。总的来说，商详视频是促进销售、提高产品吸引力、增强品牌形象的有力工具，有助于吸引更多的消费者，提高销售额。
>
> **主题：商详视频在电子商务环境中的重要性**
>
> 主要论点：
>
> 1. 更具体的产品展示：商详视频能够提供更生动、具体的产品展示，有助于潜在消费者更好地了解产品的特点、外观和性能。这可以帮助他们做出更明智的购买决策。
> 2. 解答潜在消费者的疑虑：商详视频通过展示产品的使用方式、功能和实际效果，可以回答潜在消费者可能存在的疑虑和问题。这种直观的信息传递可以提高消费者对产品的信心，减少购买的不确定性。
> 3. 引起兴趣：商详视频有能力引起潜在消费者的兴趣，通过生动的展示方式激发他们的好奇心。这可以增加消费者与产品的互动，提高其对产品的关注度，从而促进购买。
> 4. 增强品牌形象：商详视频不仅仅是产品展示，还是传播品牌形象的工具。通过视频，品牌可以传达其核心价值观、风格和承诺，从而塑造更积极的品牌形象。这有助于建立品牌的认知度和声誉。
> 5. 提高消费者对品牌的信任感：商详视频可以用来传达品牌的可信度和透明度。通过展示产品的实际使用情况，以及与产品相关的信息，品牌可以建立消费者对其的信任感。这对于建立长期客户关系至关重要。
>
> 综合以上论点，商详视频在电子商务市场中扮演着关键角色，有助于促进销售、提高产品吸引力、增强品牌形象，同时也能够吸引更多的消费者，进而提高销售额。这强调了商详视频在现代电子商务中的不可或缺性。

图 4-14　ChatGPT 对文本内容进行分析处理

步骤 02 复制 ChatGPT 回复的内容，在 Word 中进行粘贴并删除空行，效果如图 4-15 所示。

上文中的主题和主要论点分析如下：

主题：商详视频在电子商务环境中的重要性

主要论点：

1. 更具体的产品展示：商详视频能够提供更生动、具体的产品展示，有助于潜在消费者更好地了解产品的特点、外观和性能。这可以帮助他们做出更明智的购买决策。

2. 解答潜在消费者的疑虑：商详视频通过展示产品的使用方式、功能和实际效果，可以回答潜在消费者可能存在的疑虑和问题。这种直观的信息传递可以提高消费者对产品的信心，减少购买的不确定性。

3. 引起兴趣：商详视频有能力引起潜在消费者的兴趣，通过生动的展示方式激发他们的好奇心。这可以增加消费者与产品的互动，提高其对产品的关注度，从而促进购买。

4. 增强品牌形象：商详视频不仅仅是产品展示，还是传播品牌形象的工具。通过视频，品牌可以传达其核心价值观、风格和承诺，从而塑造更积极的品牌形象。这有助于建立品牌的认知度和声誉。

5. 提高消费者对品牌的信任感：商详视频可以用来传达品牌的可信度和透明度。通过展示产品的实际使用情况，以及与产品相关的信息，品牌可以建立消费者对其的信任感。这对于建立长期客户关系至关重要。

综合以上论点，商详视频在电子商务市场中扮演着关键角色，有助于促进销售、提高产品吸引力、增强品牌形象，同时也能够吸引更多的消费者，进而提高销售额。这强调了商详视频在现代电子商务中的不可或缺性。

图 4-15　在 Word 中粘贴 ChatGPT 回复的内容

041　提取文件中的信息

扫码看教学视频

通过 ChatGPT 的能力，我们可以快速而准确地提取文件中的信息，如日期、人名、地点及关键词等，从而提高我们的工作效率和数据管理能力，下面介绍具体的操作方法。

步骤01 打开一个 Word 文档，将需要提取的文本复制一份，在 ChatGPT 聊天窗口的输入框中输入"将下文中的城市名提取出来："，按【Shift+Enter】组合键换行并粘贴复制的文本内容，按【Enter】键发送，ChatGPT 即可对文本中的城市名进行提取，如图 4-16 所示。

步骤02 复制 ChatGPT 提取的城市名，在文档中的合适位置单击鼠标右键，弹出快捷菜单，在"粘贴选项："的下方单击"合并格式"按钮，如图 4-17 所示。

步骤03 执行操作后，即可粘贴提取的城市名，效果如图 4-18 所示。

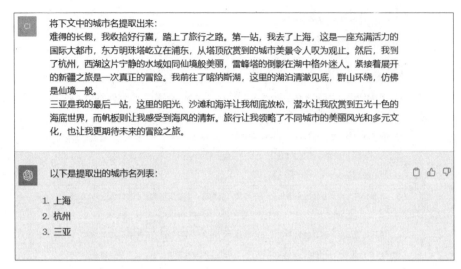

图 4-16　ChatGPT 提取出文本中的城市名

图 4-17　单击"合并格式"按钮

图 4-18　粘贴提取的城市名的效果

042　对长文进行分段

扫码看教学视频

ChatGPT 具备对上下文的理解和处理能力，可以帮助我们将长文本分割成适当的段落和章节。通过 ChatGPT 的长文分段功能，我们可以更轻松地阅读和分析长篇文本，提高对其内容的理解和应用，下面介绍具体的操作方法。

步骤01 打开一个 Word 文档，将内容复制一份，在 ChatGPT 聊天窗口的输入框中输入"对下文进行分段："，按【Shift+Enter】组合键换行，并粘贴复制的文本内容，按【Enter】键发送，ChatGPT 即可对文本内容进行分段处理，如图 4-19 所示。

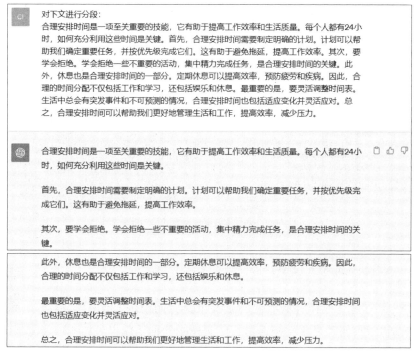

图 4-19　ChatGPT 对文本进行分段处理

步骤02 复制 ChatGPT 分段后的内容，在 Word 中将原文替换，删除多余的空行，全选替换后的文本，单击鼠标右键，在弹出的快捷菜单中选择"段落"命令，如图 4-20 所示。

步骤03 弹出"段落"对话框，在"缩进"选项区中，设置"特殊"为"首行"、"缩进值"为"2 字符"，如图 4-21 所示，将每段文本的首行缩进两个字符。

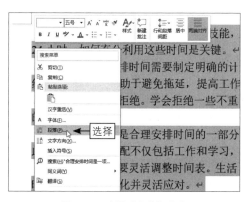

图 4-20　选择"段落"命令

图 4-21　设置相应的参数

步骤 04 单击"确定"按钮，即可设置文本的段落格式，效果如图 4-22 所示。

　　合理安排时间是一项至关重要的技能，它有助于提高工作效率和生活质量。每个人都有 24 小时，如何充分利用这些时间是关键。

　　首先，合理安排时间需要制定明确的计划。计划可以帮助我们确定重要任务，并按优先级完成它们。这有助于避免拖延，提高工作效率。

　　其次，要学会拒绝。学会拒绝一些不重要的活动，集中精力完成任务，是合理安排时间的关键。

　　此外，休息也是合理安排时间的一部分。定期休息可以提高效率，预防疲劳和疾病。因此，合理的时间分配不仅包括工作和学习，还包括娱乐和休息。

　　最重要的是，要灵活调整时间表。生活中总会有突发事件和不可预测的情况，合理安排时间也包括适应变化并灵活应对。

　　总之，合理安排时间可以帮助我们更好地管理生活和工作，提高效率，减少压力。

图 4-22　为文本设置段落格式后的效果

043　制作文档表格

　　文档表格是整理和展示数据的重要工具，而使用 ChatGPT 可以帮助我们快速制作和优化文档表格，使文档的数据呈现得更加清晰和专业，下面介绍具体的操作方法。

扫码看教学视频

　　步骤 01 打开一个 Word 文档，将员工资料复制一份，在 ChatGPT 聊天窗口的输入框中输入"将以下内容整理成表格："，按【Shift+Enter】组合键换行，并粘贴复制的内容，按【Enter】键发送，ChatGPT 即可将文本内容整理成表格，如图 4-23 所示。

图 4-23　ChatGP 将文本内容整理成表格

步骤02 在同一个聊天窗口中输入"现在是 2024 年 6 月 20 日，请在表格中加上员工的年龄和工龄"，按【Enter】键发送，ChatGPT 会根据补充的制表要求重新生成表格，如图 4-24 所示。

现在是2024年6月20日，请在表格中加上员工的年龄和工龄

以下是包括员工的年龄和工龄信息的更新表格，考虑到当前是2024年6月20日：

姓名	性别	出生日期	入职日期	年龄	工龄
刘建宇	男	1973/2/5	2010/6/10	51	13
周熙	男	1992/6/4	2015/5/4	32	9
许梦婷	女	1993/5/22	2020/6/5	31	4
罗伊	女	1985/4/5	2019/3/16	39	5
程涵	男	1988/11/16	2019/10/25	35	4
沈沐	女	2001/3/27	2023/6/15	23	1
郑羽	男	1987/4/19	2015/6/4	37	9

这个表格包括了员工的年龄和工龄信息，考虑到了2024年6月20日的情况。如果你需要进一步的信息或修改，请告诉我。

图 4-24　重新生成表格

步骤03 复制 ChatGPT 制作的表格，在 Word 文档中将原文删除，单击鼠标右键，在弹出的快捷菜单中单击"合并格式"按钮，粘贴制作的表格，全选表格内容，单击鼠标右键，在弹出的快捷菜单中选择"自动调整"|"根据窗口自动调整表格"命令，如图 4-25 所示，调整表格的大小。

步骤04 继续全选表格内容，在"开始"功能区的"段落"面板中，单击"居中"按钮三，如图 4-26 所示。

图 4-25　选择"根据窗口自动调整表格"命令

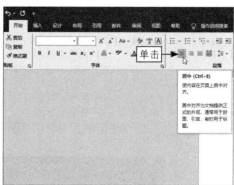

图 4-26　单击"居中"按钮

步骤 05 执行操作后，即可使表格内容居中对齐，效果如图 4-27 所示。

姓名	性别	出生日期	入职日期	年龄	工龄
刘建宇	男	1973/2/5	2010/6/10	51	13
周熙	男	1992/6/4	2015/5/4	32	9
许梦婷	女	1993/5/22	2020/6/5	31	4
罗伊	女	1985/4/5	2019/3/16	39	5
程涵	男	1988/11/16	2019/10/25	35	4
沈沐	女	2001/3/27	2023/6/15	23	1
郑羽	男	1987/4/19	2015/6/4	37	9

员工资料录入

图 4-27　表格内容居中对齐后的效果

044　对数据进行标记

在 Excel 工作表中，当用户需要在工作表中标记重要数据时，如果不知道该用什么方法快速标记数据，可以在 ChatGPT 中进行提问，ChatGPT 会根据问题分析处理，将操作方法反馈给用户，下面介绍具体的操作方法。

扫码看教学视频

步骤 01 打开一个工作表，用户需要在 C 列单元格中标记出销量超过 1500 的数据，在 ChatGPT 聊天窗口的输入框中输入"在 Excel 工作表中，如何在 C 列单元格中标记出销量超过 1500 的数据"，按【Enter】键发送，ChatGPT 即可根据提问进行回复，并向用户反馈详细的操作步骤，如图 4-28 所示。

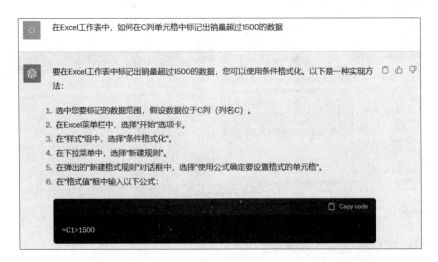

在Excel工作表中，如何在C列单元格中标记出销量超过1500的数据

要在Excel工作表中标记出销量超过1500的数据，您可以使用条件格式化。以下是一种实现方法：

1. 选中您要标记的数据范围，假设数据位于C列（列名C）。
2. 在Excel菜单栏中，选择"开始"选项卡。
3. 在"样式"组中，选择"条件格式化"。
4. 在下拉菜单中，选择"新建规则"。
5. 在弹出的"新建格式规则"对话框中，选择"使用公式确定要设置格式的单元格"。
6. 在"格式值"框中输入以下公式：

```
=C1>1500
```

> 这个公式会检查 C 列的每个单元格，如果其值大于 1500，将返回 TRUE，否则返回 FALSE。
>
> 1. 点击"格式"按钮，然后在弹出的对话框中选择要应用于满足条件的单元格的格式。您可以选择不同的字体颜色、填充颜色、边框等，以突出显示这些单元格。
> 2. 确认您的格式设置后，点击"确定"。
>
> 这样，Excel 会根据您的条件格式化规则，自动标记出销量超过 1500 的数据。这些单元格将采用您定义的格式。如果数据满足条件，将会以您设置的样式进行显示，否则将以默认样式显示。

图 4-28　ChatGPT 的回复

步骤 02 根据 ChatGPT 给出的操作步骤，在 Excel 工作表中选择 C 列，在"开始"功能区的"样式"面板中，单击"条件格式"下拉按钮，在弹出的下拉列表中选择"新建规则"选项，如图 4-29 所示。

步骤 03 弹出"新建格式规则"对话框，选择"使用公式确定要设置格式的单元格"选项，在"为符合此公式的值设置格式"文本框中输入公式：=C1>1500，检查 C 列单元格中的值是否大于 1500，单击"格式"按钮，如图 4-30 所示。

图 4-29　选择"新建规则"选项

图 4-30　单击"格式"按钮

步骤 04 弹出"设置单元格格式"对话框，在"字体"选项卡中设置"字形"为"加粗"，单击"颜色"下拉按钮，在弹出的面板中选择"红色"色块，以此设置满足公式条件的单元格字体为红色加粗，如图 4-31 所示。

步骤 05 连续两次单击"确定"按钮，即可对 C 列单元格中大于 1500 的值进行标记，效果如图 4-32 所示。

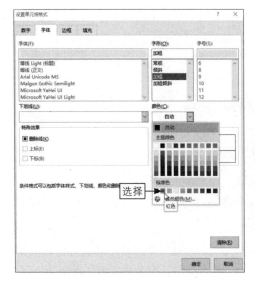

图 4-31　选择"红色"色块

<table>
<tr><th></th><th>A</th><th>B</th><th>C</th></tr>
<tr><td>1</td><td>直播间</td><td>带货主播</td><td>销量（件）</td></tr>
<tr><td>2</td><td>1号</td><td>小泉</td><td>1982</td></tr>
<tr><td>3</td><td>2号</td><td>优洋</td><td>1622</td></tr>
<tr><td>4</td><td>3号</td><td>泽华</td><td>1533</td></tr>
<tr><td>5</td><td>4号</td><td>佳佳</td><td>700</td></tr>
<tr><td>6</td><td>5号</td><td>青檬</td><td>1123</td></tr>
<tr><td>7</td><td>6号</td><td>晓生</td><td>1441</td></tr>
<tr><td>8</td><td>7号</td><td>柚柚</td><td>1256</td></tr>
<tr><td>9</td><td>8号</td><td>天橙</td><td>1577</td></tr>
<tr><td>10</td><td>9号</td><td>胡燕</td><td>2133</td></tr>
<tr><td>11</td><td>10号</td><td>墨墨</td><td>776</td></tr>
<tr><td>12</td><td>11号</td><td>帮厨阿四</td><td>1897</td></tr>
<tr><td>13</td><td>12号</td><td>糯糯</td><td>1988</td></tr>
<tr><td>14</td><td>13号</td><td>小猴</td><td>2410</td></tr>
<tr><td>15</td><td>14号</td><td>木昕</td><td>655</td></tr>
</table>

图 4-32　对数据进行标记的效果

045　学习函数的相关知识

扫码看教学视频

　　当用户在制表过程中需要用到或者想要了解某个函数的原理和使用方法时，可以不用费劲地在网上搜索相关资料，而是直接在 ChatGPT 中进行提问即可获得。

　　例如，用户在 ChatGPT 聊天窗口的输入框中输入"请讲解一下 Excel 中 Sumifs 函数的原理和使用方法"，按【Enter】键发送，ChatGPT 即可根据要求讲解相应函数的原理和使用方法，如图 4-33 所示。

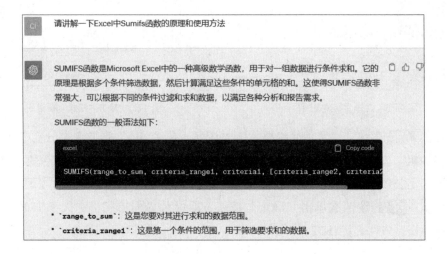

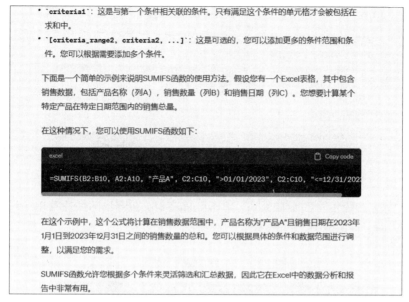

- `criteria1`：这是与第一个条件相关联的条件。只有满足这个条件的单元格才会被包括在求和中。
- `[criteria_range2, criteria2, ...]`：这是可选的，您可以添加更多的条件范围和条件。您可以根据需要添加多个条件。

下面是一个简单的示例来说明SUMIFS函数的使用方法。假设您有一个Excel表格，其中包含销售数据，包括产品名称（列A）、销售数量（列B）和销售日期（列C）。您想要计算某个特定产品在特定日期范围内的销售总量。

在这种情况下，您可以使用SUMIFS函数如下：

```excel
=SUMIFS(B2:B10, A2:A10, "产品A", C2:C10, ">01/01/2023", C2:C10, "<=12/31/2023")
```

在这个示例中，这个公式将计算在销售数据范围中，产品名称为"产品A"且销售日期在2023年1月1日到2023年12月31日之间的销售数量的总和。您可以根据具体的条件和数据范围进行调整，以满足您的需求。

SUMIFS函数允许您根据多个条件来灵活筛选和汇总数据，因此它在Excel中的数据分析和报告中非常有用。

图 4-33　ChatGPT 讲解函数的原理和使用方法

046　编写函数公式

扫码看教学视频

当用户在 Excel 工作表中编写函数公式时，可以让 ChatGPT 帮忙编写一个完整的函数公式，也可以用它来编写未完成的函数公式，下面介绍具体的操作方法。

步骤 01 打开一个 Excel 工作表，在 ChatGPT 聊天窗口的输入框中输入"在 Excel 工作表中，B 列为评分分数，请帮我编写一个函数公式，在 C 列用五角星符号表示数字评分"，按【Enter】键发送，ChatGPT 即可根据要求编写一个完整的函数公式，并对编写的公式进行对应的讲解，如图 4-34 所示。

在Excel工作表中，B列为评分分数，请帮我编写一个函数公式，在C列用五角星符号表示数字评分

在Excel中，你可以使用条件格式化来将数字评分显示为五角星符号。以下是一个示例函数公式，你可以将其放置在C列，以根据B列中的评分分数显示五角星符号：

首先，在C列的第一个单元格（例如C2）中输入以下函数公式：

```excel
=REPT("★", B2)
```

图 4-34

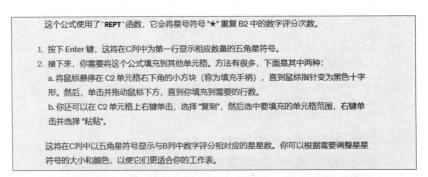

这个公式使用了 `REPT` 函数，它会将星号符号 "★" 重复 B2 中的数字评分次数。

1. 按下 Enter 键，这将在 C 列中为第一行显示相应数量的五角星符号。
2. 接下来，你需要将这个公式填充到其他单元格。方法有很多，下面是其中两种：
   a. 将鼠标悬停在 C2 单元格右下角的小方块（称为填充手柄），直到鼠标指针变为黑色十字形。然后，单击并拖动鼠标下方，直到你填充到需要的行数。
   b. 你还可以在 C2 单元格上右键单击，选择 "复制"，然后选中要填充的单元格范围，右键单击并选择 "粘贴"。

这将在 C 列中以五角星符号显示与 B 列中数字评分相对应的星星数。你可以根据需要调整星星符号的大小和颜色，以使它们更适合你的工作表。

图 4-34　编写一个完整的函数公式

步骤 02 选择编写的函数公式，单击鼠标右键，在弹出的快捷菜单中选择 "复制" 命令，如图 4-35 所示，将其复制一份。

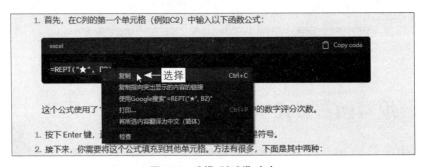

图 4-35　选择 "复制" 命令

步骤 03 返回 Excel 工作表，在 C2 单元格中粘贴复制的公式，按【Enter】键确认，即可用五角星表示星级评定，效果如图 4-36 所示。

步骤 04 选择 C2:C6 单元格区域，在编辑栏中单击，按【Ctrl+Enter】组合键，即可填充公式，批量用五角星表示星级评定，效果如图 4-37 所示。

图 4-36　用五角星表示星级评定的效果	图 4-37　批量用五角星表示星级评定的效果

047　检查并完善函数公式

扫码看教学视频

　　在 Excel 工作表中，当用户发现编写的函数公式无法进行计算或者计算错误时，可以使用 ChatGPT 帮忙检查公式的正确性并完善公式，下面介绍具体的操作方法。

　　步骤 01 打开一个 Excel 工作表，在 B2 单元格中输入公式：=ROUND(A2)，如图 4-38 所示。

　　步骤 02 按【Enter】键确认，弹出信息提示框，如图 4-39 所示，单击"确定"按钮，将其关闭，并删除输入的公式。

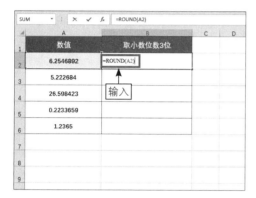

图 4-38　输入公式

图 4-39　弹出信息提示框

　　步骤 03 在 ChatGPT 聊天窗口的输入框中输入"在 Excel 工作表中，需要在 B2 单元格中对 A2 单元格中的数值保留小数位数 3 位，请帮我检查公式的正确性并完善此公式：=ROUND(A2)"，按【Enter】键发送，ChatGPT 即可检查公式并完善公式，如图 4-40 所示。

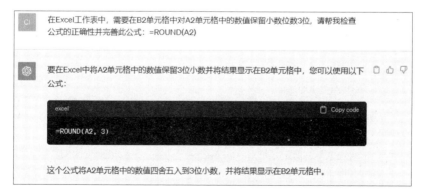

图 4-40　检查公式并完善公式

步骤 04 复制编写的函数公式，返回 Excel 工作表，在 B2 单元格中粘贴复制的公式，按【Enter】键确认，即可取 A2 单元格中的数值并保留 3 位小数，效果如图 4-41 所示。

步骤 05 将鼠标指针移至 B2 单元格的右下角，按住鼠标左键向下拖曳至 B6 单元格，即可填充公式，批量取 A 列数值并保留 3 位小数，效果如图 4-42 所示。

图 4-41　取数值小数位数 3 位数的效果　　　　图 4-42　批量取数值小数位数 3 位数的效果

048　询问求和快捷键

如果用户在进行求和统计时，忘记了求和快捷键是什么，可以在 ChatGPT 中向它询问求和快捷键，再在 Excel 中进行应用。

扫码看教学视频

操作方法为：打开 ChatGPT 的聊天窗口，在输入框中输入"Excel 中的求和快捷键是什么"，按【Enter】键发送，ChatGPT 即可根据提问进行回复，并向用户反馈求和快捷键以及其作用和使用方法，如图 4-43 所示。

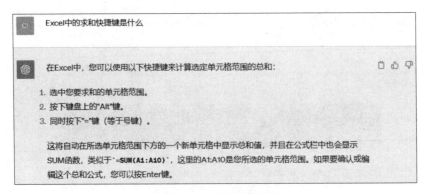

图 4-43　ChatGPT 进行回复

049 计算数据的平均值

在 Excel 中，当用户需要在单元格中计算出平均值时，用户可以通过 ChatGPT 获得计算公式，下面介绍具体的操作方法。

步骤 01 打开一个工作表，在 ChatGPT 聊天窗口的输入框中输入"在 Excel 工作表中，需要在 E2 单元格中计算 B2:D2 单元格的平均值，请帮我编写一个计算公式"，按【Enter】键发送，ChatGPT 即可根据提问回复计算平均值的公式，如图 4-44 所示。

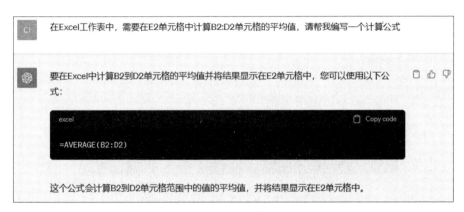

图 4-44 ChatGPT 回复计算平均值的公式

步骤 02 复制回复的公式，返回 Excel 工作表，选择 E2:E5 单元格区域，在编辑栏中粘贴复制的公式，按【Ctrl+Enter】组合键，即可批量统计平均值，效果如图 4-45 所示。

	A	B	C	D	E
1	商品	1季度销量	2季度销量	3季度销量	平均值
2	商品A	210	753	396	453
3	商品B	321	751	651	574.33333
4	商品C	142	522	452	372
5	商品D	125	645	523	431

图 4-45 批量统计平均值的效果

050　获得计算排名的公式

扫码看教学视频

在 Excel 中，当用户需要在不改变排列顺序的同时，快速统计员工的业绩排名时，可以通过 ChatGPT 获得计算排名的公式，下面介绍具体的操作方法。

步骤01 打开一个工作表，在 ChatGPT 聊天窗口的输入框中输入"在 Excel 工作表中，需要在 C 列中计算 B 列单元格中的值在 B2:B7 单元格中的排名，请帮我编写一个计算公式"，按【Enter】键发送，ChatGPT 即可根据提问回复计算排名的公式，如图 4-46 所示。

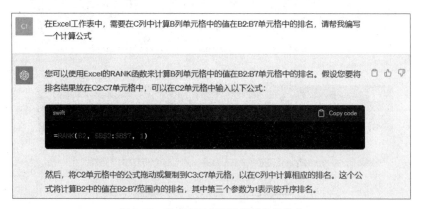

图 4-46　ChatGPT 回复计算排名的公式

步骤02 复制回复的公式，返回 Excel 工作表，选择 C2:C7 单元格区域，在编辑栏中粘贴复制的公式：=RANK(B2,$B$2:$B$7,1)，如图 4-47 所示。

步骤03 按【Ctrl+Enter】组合键，即可根据各个员工的业绩评分得出排名，效果如图 4-48 所示。

图 4-47　输入复制的公式　　　　图 4-48　统计各员工的业绩排名的效果

051　对数据进行累积求和

扫码看教学视频

在 Excel 中，当用户不知道该如何对工作表中的数据进行累积求和时，可以通过 ChatGPT 获得累积求和的计算公式，下面介绍具体的操作方法。

步骤01 打开一个工作表，在 ChatGPT 聊天窗口的输入框中输入"在 Excel 工作表中，需要在 C 列中对 B2:B7 单元格中的值进行累积求和，请帮我编写一个计算公式"，按【Enter】键发送，ChatGPT 即可根据提问生成累积求和的计算公式，如图 4-49 所示。

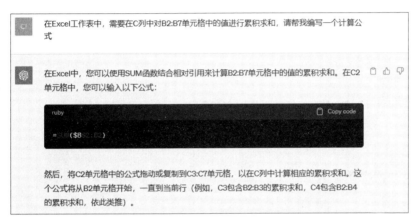

图 4-49　ChatGPT 生成累积求和的计算公式

步骤02 复制生成的公式，返回 Excel 工作表，选择 C2:C7 单元格区域，在编辑栏中粘贴复制的公式：=SUM($B$2:B2)，如图 4-50 所示。

步骤03 按【Ctrl+Enter】组合键，即可进行累积求和，效果如图 4-51 所示。

图 4-50　输入复制的公式　　　　图 4-51　累积求和的效果

052 编写 MAX 函数公式

扫码看教学视频

　　MAX 函数是 Excel 中常用的函数之一，它的作用是从一组数值中找出最大值并返回。通过在 MAX 函数的参数中输入数值范围或具体数值，函数会自动计算并返回其中的最大值。MAX 函数可以用于比较数据大小、筛选最大值等各种数据分析和处理任务中，下面介绍具体的操作方法。

　　步骤 01 打开一个工作表，在 ChatGPT 聊天窗口的输入框中输入"在 Excel 工作表中，需要在 B2:B8 单元格中找出最大值，并让结果显示在 B9 单元格中，请用 MAX 编写一个函数公式"，按【Enter】键发送，ChatGPT 即可根据提问回复相应的 MAX 函数公式，如图 4-52 所示。

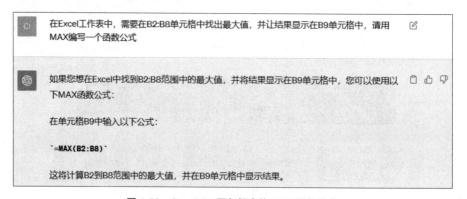

图 4-52　ChatGPT 回复相应的 MAX 函数公式

　　步骤 02 复制回复的函数公式，返回 Excel 工作表，选择 B9 单元格，在编辑栏中粘贴复制的公式：=MAX(B2:B8)，如图 4-53 所示。

　　步骤 03 按【Enter】键确认，即可返回销售额中的最大值，效果如图 4-54 所示。

	A	B	C
	小李饭团摊	销售额（元）	
2	周一	154	
3	周二	167	
4	周三	135	
5	周四	172	
6	周五	105	

粘贴 ← =MAX(B2:B8)

图 4-53　粘贴复制的公式

	A	B	C
4	周三	135	
5	周四	172	
6	周五	105	
7	周六	80	
8	周日	53	
9	最高销售额	172	
10			

图 4-54　返回最大值的效果

053　编写 DATEDIF 函数公式

扫码看教学视频

DATEDIF 函数是 Excel 中的一个日期函数，用于计算两个日期之间的差距。该函数可以用于计算年龄、工龄及项目持续时间等，下面介绍具体的操作方法。

步骤01 打开一个工作表，在 ChatGPT 聊天窗口的输入框中输入"在 Excel 工作表中，C 列为入职日期，D 列为离职日期，如何使用 DATEDIF 函数公式计算员工工龄，并将结果以年、月、日的格式显示出来"，按【Enter】键发送，ChatGPT 即可根据提问编写一个 DATEDIF 函数公式，如图 4-55 所示。

图 4-55　ChatGPT 编写的 DATEDIF 函数公式

步骤02 复制函数公式，返回 Excel 工作表，将公式粘贴在 E2 单元格中，并填充公式至 E8 单元格，来计算员工工龄是多少年、多少月、多少天，效果如图 4-56 所示。

	A	B	C	D	E
1	部门	姓名	入职日期	离职日期	工龄
2	行政	兰雪	2007/5/11	2023/10/13	16年5个月2天
3	行政	子衿	2006/10/5	2023/9/6	16年11个月1天
4	客服	赵昭	2015/6/9	2023/9/22	8年3个月13天
5	客服	莲娜	2011/8/6	2023/9/16	12年1个月10天
6	市场	云依	2020/9/16	2023/10/17	3年1个月1天
7	市场	翠彤	2022/4/6	2023/10/23	1年6个月17天
8	运营	星悦	2022/7/9	2023/9/11	1年2个月2天
9	运营	雪松	2000/6/4	2023/10/27	23年4个月23天

图 4-56　计算员工工龄的效果

054　编写 IF 函数公式

扫码看教学视频

在 Excel 中，IF 函数被归类为逻辑函数，作用是根据一个给定的条件返回不同的值。IF 函数在 Excel 中广泛用于条件判断和逻辑运算，下面介绍具体的操作方法。

步骤 01 打开一个工作表，在 ChatGPT 聊天窗口的输入框中输入"在 Excel 工作表中，B 列为员工的出勤天数，当出勤天数等于或大于 23 天时即为满勤，满勤的员工即可获得 500 元的奖金，如何用 IF 函数公式来进行计算"，按【Enter】键发送，ChatGPT 即可根据提问编写函数公式，如图 4-57 所示。

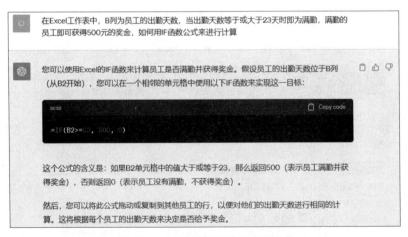

图 4-57　ChatGPT 编写的 IF 函数公式

步骤 02 复制函数公式，返回 Excel 工作表，将公式粘贴在 C2 单元格中：=IF(B2>=23,500,0)，并将公式填充至 C7 单元格，计算员工满勤奖金，效果如图 4-58 所示。

	A	B	C
1	姓名	出勤标准：23天	满勤奖金：500元
2	丹青	23	500
3	许芝	22	0
4	芳华	20	0
5	康震	23	500
6	陈进	21	0
7	单宁	23	500

图 4-58　计算员工满勤奖金的效果

055　编写 VLOOKUP 函数公式

扫码看教学视频

　　VLOOKUP 函数同样是 Excel 中比较常用的一种查找函数，用于在表格中根据指定的值查找相关的数据，并返回匹配的结果，下面介绍具体的操作方法。

　　步骤01 打开一个工作表，在 ChatGPT 聊天窗口的输入框中输入"在 Excel 工作表中，A2:A11 为商品名，B2:B11 为销量，如何在 E2:E5 单元格中使用 VLOOKUP 函数公式根据 D2:D5 中指定的商品在 A2:A11 和 B2:B11 中查找对应的销量"，按【Enter】键发送，ChatGPT 即可根据提问编写函数公式，如图 4-59 所示。

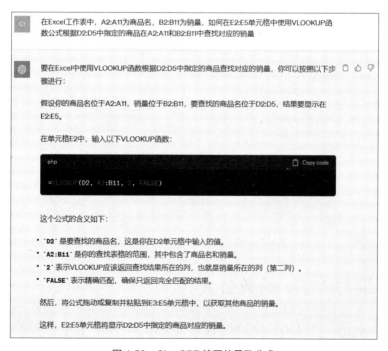

图 4-59　ChatGPT 编写的函数公式

步骤 02 复制函数公式，返回 Excel 工作表，选择 E2:E5 单元格区域，将公式粘贴在编辑栏中：=VLOOKUP(D2,A2:B11,2,FALSE)，如图 4-60 所示。

图 4-60　在编辑栏中粘贴公式

步骤 03 按【Ctrl+Enter】组合键，即可根据指定的商品查找到对应的销量，效果如图 4-61 所示。

图 4-61　根据指定的商品查找到对应的销量

056　编写 MID 函数公式

在 Excel 中，MID 函数是 Excel 中的文本函数，用于从文本字符串中提取指定长度和位置的子字符串。例如，提取身份证号码中的出

扫码看教学视频

生日期，除了通过填充方式提取外，还可以用 MID 函数公式进行提取，下面介绍具体的操作方法。

步骤 01 打开一个工作表，在 ChatGPT 聊天窗口的输入框中输入"在 Excel 工作表中，身份证号一共有 18 位，其中第 7 位至第 14 位是出生年月日，如何用 MID 函数编写一个公式从 A2 单元格中将身份证号码中的出生日期提取出来"，按【Enter】键发送，ChatGPT 即可根据提问编写函数公式，如图 4-62 所示。

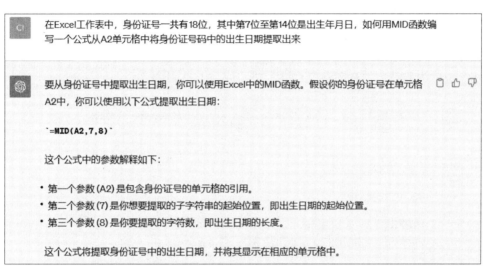

图 4-62　ChatGPT 编写的 MID 函数公式

步骤 02 复制函数公式，返回 Excel 工作表，选择 B2:B6 单元格区域，将公式粘贴在编辑栏中：=MID(A2,7,8)，按【Ctrl+Enter】组合键，即可批量提取身份证号码中的出生日期，效果如图 4-63 所示。

	A	B
1	身份证号码	提取出生日期
2	110122197510111101	19751011
3	110122196802051201	19680205
4	130123199708251202	19970825
5	120101198511121203	19851112
6	110101202301061303	20230106

图 4-63　批量提取身份证号码中出生日期的效果

057   生成 PPT 内容

扫码看教学视频

ChatGPT 具备丰富的信息储备和强大的创造力，用户可以通过 ChatGPT 生成演示文稿（PowerPoint，PPT）的主题、封面页、大标题和副标题、目录大纲，以及指定的内容页数等，形成完整的 PPT 演示文稿，协助 PPT 的制作。

例如，在 ChatGPT 的输入框中输入"请以相机便携性为主题，生成两页 PPT 内容，要求：突出相机便携性的优缺点，字数不超过 150 字，重点突出"，按【Enter】键发送，ChatGPT 即可生成相应的 PPT 内容，如图 4-64 所示，用户将生成的内容复制并粘贴到 PPT 中，即可完成 PPT 的制作。

> CI　请以相机便携性为主题，生成两页PPT内容，要求：突出相机便携性的优缺点，字数不超过150字，重点突出
>
> 第一页：相机便携性的优点
>
> **标题**：相机便携性的优点
>
> 1. **轻便携带**：小型相机轻巧易携带，方便记录瞬间，随时随地拍摄。
> 2. **快速响应**：快速启动和拍摄时间，捕捉生动瞬间，无需预先准备。
> 3. **离机编辑**：照片可即时传输到智能设备，方便编辑和分享，充分利用社交媒体。
>
> **第二页：相机便携性的缺点**
>
> **标题**：相机便携性的缺点
>
> 1. **有限性能**：小感光元件和有限镜头选项限制了低光和专业拍摄。
> 2. **控制受限**：相机设置较少，限制了对曝光和对焦的精确控制。
> 3. **电池寿命**：小型电池容量，需要携带备用电池或充电设备。
> 4. **缺少镜头灵活性**：通常只有一个固定镜头，无法适应不同拍摄需求。
>
> **总结**：相机便携性为日常摄影提供了便利，但在专业或特殊场景下可能受到限制，需要在需求和便携性之间权衡。

图 4-64　ChatGPT 生成 PPT 内容

058   生成制作思维导图的代码

思维导图是一种能够帮助理清思路、表达思想的思维工具，在办公中极为常见，它具有图文并茂、简单实用、突出重点的特点，能够帮助用户在工作中做出高效的决策。用户可以运用 ChatGPT 生成制作思维导

图的代码，然后将代码复制到可以生成思维导图的网站中，便能够得到所需的思维导图。

例如，用户可以在 ChatGPT 的输入框中输入"请提供一个 OPML 代码格式的四季特点"，按【Enter】键发送，ChatGPT 即可生成对应的代码，如图 4-65 所示。

图 4-65　ChatGPT 生成制作思维导图的代码

在 ChatGPT 生成的代码框中单击 Copy code 按钮，将代码复制并粘贴到记事本中，保存并修改记事本的文件扩展名为 .opml。

在浏览器中搜索并进入"幕布"网页版，在"我的文档"页面中单击"新建或导入文件"按钮⊕，在弹出的列表框中选择"导入"|"导入 OPML"选项，

如图 4-66 所示。

执行操作后，根据提示将前面保存好的代码文件导入，即可获得相应的思维导图，效果如图 4-67 所示。

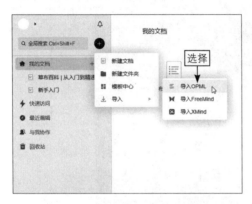

图 4-66 选择"导入 OPML"选项

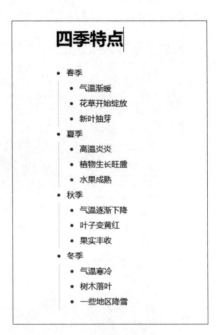

图 4-67 获得相应的思维导图

第 5 章

ChatGPT+ 职场应用：职场规划与晋升指南

ChatGPT 最常见的应用领域是职场，在职场领域，运用 ChatGPT 能够为用户提供建议和指导，让用户规划自己的职业生涯、提升自己的工作技能和丰富自己的事业之路。本章将为大家介绍 ChatGPT 在职场领域的应用方法。

059　指导职业规划

扫码看教学视频

　　ChatGPT 可以调取各行各业的信息，为用户提供职业规划方面的建议和指导。用户通过与 ChatGPT 对话，可以从中更好地了解自己的优势、兴趣，从而做出更明确的职业规划。

　　例如，用户可以在 ChatGPT 的输入框中输入"我是一名拥有 3 年中学语文教学经验的教师，擅长写作，我对阅读文学作品感兴趣，接下来我应该如何规划我的职业生涯"，按【Enter】键发送，ChatGPT 会给出职业规划建议，如图 5-1 所示。

我是一名拥有3年中学语文教学经验的教师，擅长写作，我对阅读文学作品感兴趣，接下来我应该如何规划我的职业生涯

恭喜您在中学语文教学领域已经有了3年的经验，并且擅长写作，对文学作品感兴趣。以下是一些建议，以帮助您规划您的职业生涯：

1. 深化教育技能：继续提高您的教育技能，不断学习和掌握新的教学方法和工具。参加教育培训课程，了解最新的教育趋势，以确保您的教学水平与时俱进。
2. 寻求进修和证书：考虑追求进一步的学历，如研究生学位或教育证书，以增强您的专业知识和资历。
3. 发展领导能力：如果您有领导潜力，可以考虑担任教育部门的领导职位或教育项目的负责人。领导能力的发展将帮助您在教育领域更上一层楼。
4. 创作教育资源：鉴于您擅长写作，可以创作教育教材、教案和教育博客，与其他教师分享您的经验和见解。这有助于建立您的声誉并拓展职业网络。
5. 参与研究项目：如果您对教育研究感兴趣，可以参与相关研究项目，了解教育领域的最新趋势和最佳实践。
6. 考虑教育咨询：作为经验丰富的语文教师，您可以考虑成为教育顾问，为学校或个人提供专业建议和指导。
7. 寻求晋升机会：如果您目前在一所学校工作，可以考虑寻求更高级别的职位，如教研组长、部门主任或校长。如果需要，您可以考虑在其他学校寻找更具挑战性的职位。
8. 与同行互动：积极参与教育领域的研讨会、研讨会和社交活动，与其他教师和教育专家建立联系，分享经验和见解。
9. 考虑教育创业：如果您有创业精神，可以考虑创建自己的教育相关企业，如补习机构、在线教育平台或写作工作坊。

10. 保持激情：无论您选择何种职业路径，保持对教育的激情和热爱是成功的关键。继续激励和启发学生，使他们在语文和文学领域取得成功。

在教育领域，不断自我提升和适应变化是非常重要的。通过上述建议，您可以在教育职业中实现更多的成就，并对学生的学习和发展产生积极的影响。

图 5-1　ChatGPT 给出职业规划建议

060　提供创业指导

扫码看教学视频

　　ChatGPT 可以为有创业需求的用户提供指导，包括市场调查、产品设计、团队建设和融资策略等方面的信息。

例如，用户可以在 ChatGPT 的输入框中输入"我计划创办一家广告设计公司，在创业初期，我想先推出一个广告作品用于品牌推广，你对作品设计和推广有什么好的建议"，按【Enter】键发送，ChatGPT 会针对需求给出相应的建议，如图 5-2 所示。

我计划创办一家广告设计公司，在创业初期，我想先推出一个广告作品用于品牌推广，你对作品设计和推广有什么好的建议

在创办一家广告设计公司并推出首个广告作品用于品牌推广时，以下是一些建议，可以帮助你取得成功：

1. **目标市场分析**：首先，确定你的目标市场是谁。了解他们的需求、兴趣和购买习惯将有助于你针对性地设计广告作品。
2. **品牌定位**：明确你的公司的品牌定位和核心价值主张。这将影响广告作品的设计和内容。
3. **创意设计**：设计一个引人注目的广告作品，既吸引目标受众的注意，又传达清晰的信息。可以考虑雇佣有经验的设计师或团队，确保作品视觉上吸引人。
4. **独特性**：确保你的广告作品有独特之处，让人容易辨认和记住。独特性有助于建立品牌认知度。
5. **故事叙述**：故事性广告通常更具吸引力，因为它们能够与观众建立情感联系。考虑采用一个故事或情节，使广告更加生动。
6. **多媒体选择**：考虑在不同的媒体平台上发布广告，如社交媒体、电视、广播、互联网等。根据你的目标受众选择最合适的渠道。
7. **关注质量**：无论是广告的设计、内容还是媒体发布，都要注重质量。一个高质量的广告作品可以提高品牌形象。
8. **调查竞争对手**：了解竞争对手的广告策略，找出你可以借鉴或区别开来的地方。
9. **测试和优化**：在正式发布之前，进行广告测试，以确保它能够有效吸引受众。根据反馈和数据，对广告进行优化。
10. **预算规划**：制定广告推广的预算，并确保你有足够的资源来支持广告的发布和宣传。
11. **时间安排**：选择一个适当的发布时间，以确保广告在目标受众活跃的时段出现。
12. **监测和分析**：建立监测系统，以追踪广告的表现。根据数据进行调整，以不断改进广告策略。
13. **关注法律法规**：确保广告遵守广告法规和行业标准，以避免法律问题。
14. **社交媒体互动**：与观众互动，回应他们的反馈和提问。积极参与社交媒体对于建立品牌忠诚度非常重要。
15. **长期规划**：虽然你的初期目标是推广品牌，但要有长期规划，考虑如何维持品牌的可持续增长。

最后，成功的广告作品需要时间，耐心和反复尝试。在创办广告设计公司时，建立可信任的品牌形象和声誉也是至关重要的。

图 5-2　ChatGPT 针对需求给出相应的建议

061　生成个人简历

简历是人们在求职面试时的敲门砖，好的简历能够体现出一个人的专业水平、职业习惯和工作态度等，因而给面试官留下好的印象。

扫码看教学视频

75

用户可以运用 ChatGPT 的功能，让它协助我们制作出一份好的简历。

例如，用户可以在 ChatGPT 的输入框中输入"请根据以下提供的信息生成一份个人简历，要求简洁明了、易于阅读、能够脱颖而出（另起一行）××××（提供的信息）"，按【Enter】键发送，ChatGPT 会生成一份简历，如图 5-3 所示。

请根据以下提供的信息生成一份个人简历，要求简洁明了、易于阅读、能够脱颖而出
我的信息：
毕业院校：XX大学
最高学历：本科
所学专业：汉语言文学
求职意向：儿童文学编辑
工作年限：1年
工作经历：在XXX出版社，担任内容编辑，主要负责与作者建立合作、评估作品的出版价值、与其他部门共同推进出版流程等工作
语言能力：英语六级、普通话二甲
自我评价：擅长沟通和写作，有扎实的文字功底和丰富的想象力，有一定的社会动态捕捉能力、英语口语交流和阅读能力。另外，能够熟练操作office办公软件和Adobe InDesign排版软件，熟悉出版流程。

个人简历

基本信息

- **姓名：** [你的姓名]
- **联系电话：** [你的联系电话]
- **电子邮件：** [你的电子邮件]

求职意向

- **求职岗位：** 儿童文学编辑

教育背景

- **毕业院校：** XX大学
- **最高学历：** 本科
- **所学专业：** 汉语言文学

工作经历

- **工作年限：** 1年

- **工作经历：**
  - **公司/机构：** XXX出版社
  - **职位：** 内容编辑
  - **工作职责：**
    - 与作者建立合作关系，协助他们发展创意和提高作品质量
    - 评估作品的出版潜力和市场吸引力
    - 协调与其他部门，推进出版流程，确保项目按时交付
    - 与设计团队合作，确保最终出版物的排版和设计质量
    - 编辑和校对文本，确保语法、风格和内容的一致性

技能与语言能力

- **语言能力：**
  - 英语六级
  - 普通话二甲
- **编辑技能：**
  - 扎实的文字功底和丰富的想象力
  - 准确捕捉社会动态，将其融入编辑工作中
  - 良好的英语口语交流和阅读能力
  - 熟练操作Office办公软件和Adobe InDesign排版软件
  - 熟悉出版流程

自我评价

我是一名擅长沟通和写作的编辑，具有扎实的文字基础和富有创造力的想象力。我的工作经验使我能够评估作品的出版潜力，协助作者提高作品质量，并协调出版流程。我能够准确捕捉社会动态，将其融入编辑工作中，同时具备良好的英语口语交流和阅读能力。我还熟练操作各种办公软件和排版工具，熟悉出版流程，能够确保项目按时交付并具有高质量的排版和设计。我热爱儿童文学，希望在这个领域发挥我的编辑才能，为儿童创作提供更好的机会和平台。

附加信息

- **个人博客/作品集：**[如果有的话，提供链接]
- **LinkedIn个人主页：**[如果有的话，提供链接]

这份个人简历简洁明了，突出了你的教育背景、工作经验、语言能力和编辑技能，同时突出了你的自我评价和热爱儿童文学的情感。在求职过程中，根据特定的职位需求，可以进一步调整和定制你的简历。

图 5-3　ChatGPT 生成一份简历

062　生成面试题库

扫码看教学视频

在面试的过程中，大部分求职者可能都会为面试官的提问而感到紧张，害怕自己回答失误，或者不知道如何展示自己的亮点。当用户有面试需求时，可以赋予 ChatGPT 面试官的身份，让它生成面试中可能会被问到的问题，以提前准备答案，从而缓解紧张感。

例如，用户可以在 ChatGPT 的输入框中输入"你现在是图书发行员的面试官，请分享在该岗位面试时最常问的 10 个问题"，按【Enter】键发送，ChatGPT 会给出相应的面试问题，如图 5-4 所示。

> CI 你现在是图书发行员的面试官，请分享在该岗位面试时最常问的10个问题
>
> 作为图书发行员的面试官，以下是一些可能会常被问到的问题，以评估应聘者的适应性和能力：
>
> 1. 请简要介绍一下您的背景和相关经验，以及为什么您对图书发行感兴趣。
> 2. 您如何了解我们公司/出版社以及我们的出版物？有什么特别吸引您的？
> 3. 图书发行员需要处理大量的信息和数据。您如何管理和组织这些信息，以确保准确性和可追溯性？
> 4. 请描述一次您在协调图书发行项目方面的成功经验。您是如何确保项目按计划进行的？
> 5. 您认为在图书发行过程中最常见的挑战是什么，以及您如何处理这些挑战？
> 6. 您如何与作者、编辑、印刷厂、分销商和其他利益相关方保持有效沟通，以确保图书按时发行并满足市场需求？
> 7. 图书市场在数字化时代经历了许多变化。您能分享一些您认为在数字化环境下成功发行图书的策略吗？
> 8. 请谈谈您对市场分析和竞争情报的理解，以及如何使用这些信息来制定发行策略。
> 9. 图书发行员需要具备团队合作和协调能力。请分享一次您在团队中解决冲突或合作问题的经验。
> 10. 最后，您认为自己的强项是什么，为什么我们应该选择您作为图书发行员？
>
> 这些问题旨在了解应聘者的知识、技能、经验和适应性，以便确定他们是否适合图书发行这一职位。应聘者可以通过提供具体的例子和展示与图书发行相关的技能来回答这些问题。

图 5-4　ChatGPT 给出相应的面试问题

063　生成创意策划

扫码看教学视频

创意对任何行业来说都是非常重要的，可以帮助工作人员提高工作效率，提升业绩，获得更高的工作报酬。然而，创意向来是稀缺品，需要好的知识储备和灵感加持。ChatGPT 的出现，为创意工作带来了新的灵感源泉，运用 ChatGPT，用户可以快速获得不同维度的创意和思维，从而在工作中获益。

例如，用户可以在 ChatGPT 的输入框中输入"请帮我策划一个以烟花节为主题的短视频创意脚本，要求：符合年轻人的审美，有一定的趣味性"，按【Enter】键确认，ChatGPT 会给出特定主题的短视频脚本策划，如图 5-5 所示。

请帮我策划一个以烟花节为主题的短视频创意脚本，要求：符合年轻人的审美，有一定的趣味性

当然可以！以下是一个以烟花节为主题的短视频创意脚本，旨在吸引年轻人的注意并增加趣味性：

标题：《烟花璀璨，我的夏日之约》

镜头1：开场镜头
画面：一夏日晴朗的天空，阳光洒在镜头前，然后慢慢过渡到一个城市的夜景。
声音：欢快的夏日音乐，引导观众进入愉快的氛围。

镜头2：角色介绍
画面：出现一群充满活力的年轻人，他们穿着时尚、笑容灿烂。
声音：介绍每个角色的名字和一句简短的自我介绍，例如"我是小明，烟花控。"

镜头3：烟花节前夕
画面：角色们在城市的公园中聚会，摊开地图，讨论他们要去哪个烟花节场地。
声音：他们互相交流着期待和兴奋的情感，表现出年轻人的热情。

镜头4：迎来烟花节
画面：角色们穿着悠闲的夏季服装，快步进入烟花节场地。
声音：欢快的音乐伴随着他们的步伐，营造出烟花节的节日氛围。

镜头5：烟花之美
画面：精彩的烟花在夜空中绽放，五光十色，色彩斑斓。
声音：镜头中的角色们赞叹着烟花之美，通过互动和表情传达他们的兴奋。

镜头6：夜市美食
画面：角色们品尝当地美食，表情愉悦，不时分享食物。
声音：他们互相推荐美食，展示年轻人对美食的热爱。

镜头7：夜幕下的活动
画面：角色们参加各种游戏和娱乐活动，比如射击靶子、旋转木马等。
声音：他们在游戏中享受着欢笑和竞争，展现出年轻人的活力。

镜头8：烟花绽放
画面：烟花在夜空中绽放，呈现出华丽的烟火秀，角色们仰头令人着迷地观看。
声音：激动人心的音乐和角色们的欢呼声。

镜头9：欢乐结局
画面：角色们拍照留念，合影，然后接着肩膀离开烟花节。
声音：音乐渐弱，留下一个欢快的夏日回忆。

结尾：画面渐暗，显示文字："烟花节，点亮你的夏日"，然后显示烟花节的时间和地点信息。

这个创意脚本将捕捉到年轻人对夏日烟花节的热爱和兴奋，同时展现出他们的活力和友情。
希望这个创意能帮助你制作一部吸引人的短视频！

图 5-5　ChatGPT 给出特定主题的短视频脚本策划

064 生成图书框架

扫码看教学视频

图书框架是写作一本书的基础，对于图书，它如同房屋设计图对于建筑，它代表着图书作者的构思、创意与观点。同时，拥有好的图书框架可以成就一本好书。不过，要制订出好的图书框架并不是一件容易的事，它需要缜密的逻辑、大量的知识储备和经验，此时用户就可以借助 ChatGPT 为制订图书框架提供灵感参考和示例。

例如，用户可以在 ChatGPT 的输入框中输入"我想写一本有关油画棒入门技巧的书，请帮我生成一份图书框架"，按【Enter】键确认，ChatGPT 会给出特定主题的图书框架，如图 5-6 所示。

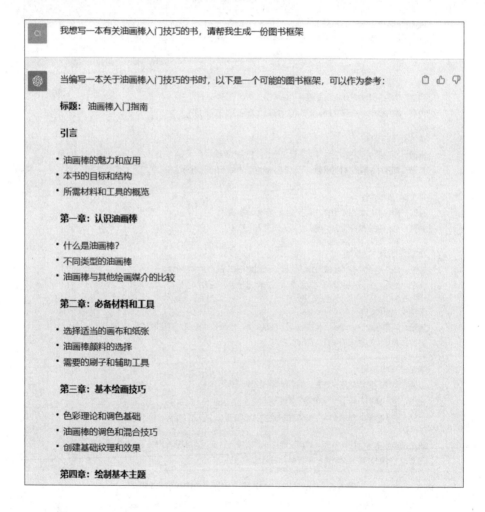

- 静物绘画入门
- 风景绘制基础
- 人物肖像初探
- 抽象表达和创作

第五章：创作过程和步骤

- 从构图到完成作品的步骤
- 图层和薄胶技巧
  -修正错误和瑕疵的方法

第六章：进一步的练习和项目

- 创作静物的深入练习
- 制作自然景观
- 探索人物和肖像绘画
- 实验和创新的项目

第七章：润色和细节

- 润色技巧和方法
- 添加细节和增强视觉效果
- 实现油画棒作品的精致效果

结语

- 油画棒的创造力和多样性
- 鼓励读者继续探索和练习
- 艺术的乐趣和满足感

附录

- 著名油画棒艺术家的简介
- 常见问题解答
- 资源和参考书目

这个图书框架可以作为编写油画棒入门技巧指南的起点，以帮助读者掌握油画棒的基本知识和技巧。每个章节可以进一步扩展和详细说明，包括示例、练习和实用建议，以帮助初学者更好地理解和应用油画棒。

图 5-6　ChatGPT 给出特定主题的图书框架

065　生成会议发言稿

扫码看教学视频

在大大小小的会议中，会议发言往往是难以避免的，好的会议发言能够体现出一个人的逻辑思维能力和语言表达能力，用户可以在 ChatGPT 的帮助下轻松写出高质量的发言稿。

例如，用户在 ChatGPT 的输入框中输入"我是宣传部门的主管，我需要在周一早上的新员工培训会上进行发言，请帮我生成一份发言稿"，按【Enter】键发送，ChatGPT 会生成发言稿，如图 5-7 所示。

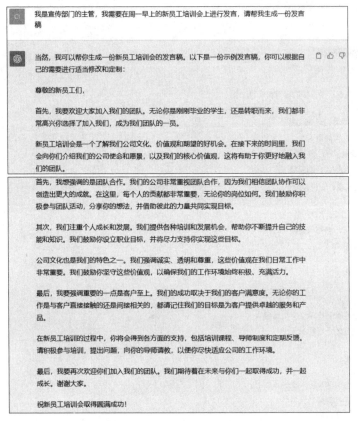

图 5-7　ChatGPT 生成一份发言稿

066　生成会议纪要

扫码看教学视频

会议纪要是会议的记录和凭证，好的会议纪要可以清晰、准确地记录会议内容，并为用户提供指导。一般而言，撰写会议纪要需要遵循一定的标准和格式，借助 ChatGPT 的力量，可以帮助用户更快、更好地完成会议纪要的写作。

例如，用户在 ChatGPT 的输入框中输入"请结合会议纪要的包含要素，以标准模板的形式围绕以下内容生成一份会议纪要（另起一行）××××（具体内容）"，按【Enter】键发送，ChatGPT 会生成会议纪要，部分内容如图 5-8 所示。

> 请结合会议纪要的包含要素，以标准模板的形式围绕以下内容生成一份会议纪要
>
> 会议内容：
>
> 会议议题：就规范工作汇报流程提出建议
>
> 参会人员：许总、刘总监、程主管、员工A、员工B、员工C
>
> 会议发言：
>
> 1、许总介绍会议的目的，希望通过讨论得出规范工作汇报流程的方法。
>
> 2、刘总监指出，可以制定工作汇报的周期、模板和标准。
>
> 3、程主管认为，可以指定责任人，负责准备和提交工作汇报，消除不必要的混淆和责任模糊。
>
> 4、员工A、员工B和员工C也分享了自己的经验和看法，认为可以通过提供培训和指导，从而让员工了解正确的流程。
>
> 5、经过讨论，综合多方建议，一致认为可以从以下方面入手提供工作效率：①制定统一的模板；②确保每个岗位都有明确定义的责任人；③通过培训和指导确保员工知道如何填写汇报表格和遵守流程。
>
> 会议落实：
>
> 1、刘总监负责员工培训；
>
> 2、程主管制定工作汇报的模板；

> 3、公司负责提供培训场所；
>
> 4、所有参与会议的人员加强员工之间的协作与交流，共同营造好的工作氛围。

会议纪要

会议日期：[填写会议日期]

会议时间：[填写会议时间]

会议地点：[填写会议地点]

会议主持：[填写会议主持人]

会议记录：[填写会议记录人]

会议内容

会议议题

就规范工作汇报流程提出建议

参会人员

- 许总
- 刘总监
- 程主管
- 员工A
- 员工B
- 员工C

会议发言

1. **许总**介绍了会议的目的，希望通过讨论得出规范工作汇报流程的方法。
2. **刘总监**指出，可以制定工作汇报的周期、模板和标准。
3. **程主管**认为，可以指定责任人，负责准备和提交工作汇报，以消除不必要的混淆和责任模糊。
4. **员工A、员工B和员工C**也分享了自己的经验和看法，认为可以通过提供培训和指导，从而让员工了解正确的流程。
5. 经过讨论，综合多方建议，一致认为可以从以下方面入手提高工作效率：
   - 制定统一的工作汇报模板。
   - 确保每个岗位都有明确定义的责任人。
   - 通过培训和指导确保员工知道如何填写汇报表格和遵守流程。

图 5-8 ChatGPT 生成的会议纪要（部分内容）

067　生成商业计划书

商业计划书是商业活动的融资方式之一，主要以书面报告的形式向投资者展示公司的发展计划和潜力。ChatGPT 可以提供市场调研分析、营销策略和财务规划等方面的建议，从而帮助用户更顺利地制订一份商业计划书。

例如，用户可以在 ChatGPT 的输入框中输入"请提供一份关于有拍照功能的智能手表研发的商业计划书，要求：包含商业计划书的基本要素，要点突出，语言简洁"，按【Enter】键确认，ChatGPT 即可生成商业计划书，部分内容如图 5-9 所示。

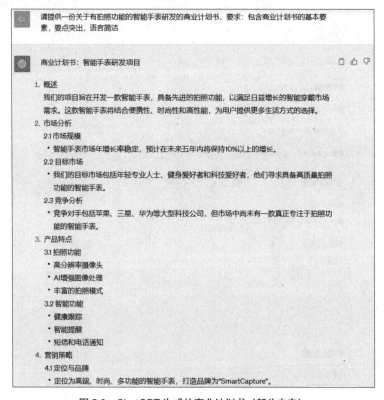

图 5-9　ChatGPT 生成的商业计划书（部分内容）

068　生成通知内容

通知是一种企事业单位用于发布信息、传达资讯的文体，发挥着传递信息、传达决策的作用。在 ChatGPT 的帮助下，用户可以提高撰写通知的效率、准确性和全面性，从而让通知有效地发挥它的作用。

　　例如，用户可以在 ChatGPT 的输入框中输入"请提供一份关于因管道维修需要停水一天的通知，停水时间为 20×× 年 11 月 1 日上午 8:00 至下午 19:00"，按【Enter】键确认，ChatGPT 即可生成相应的通知，如图 5-10 所示。

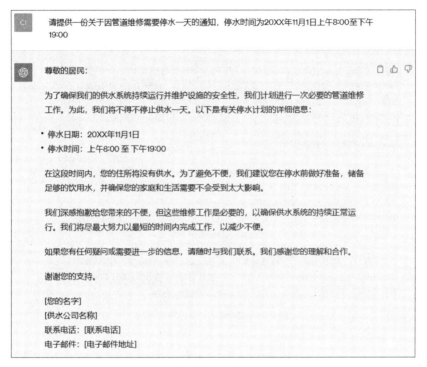

图 5-10　ChatGPT 生成相应的通知

069　生成演讲稿

扫码看教学视频

　　有的公司会举办内部的演讲比赛，另外有时用户也需要作为公司代表前往公众场合进行演讲宣传，此时用户就需要准备一份演讲稿，好的演讲稿可以使听众大受鼓舞，并留下深刻的印象，而对没有经验的用户来说，巧用 ChatGPT 可以轻松写作出好的演讲稿。

　　例如，用户可以在 ChatGPT 的输入框中输入"你要参与公司举办的演讲比赛，需要准备一份主题为'提高效率，快乐工作'的演讲稿，要求突出提高工作效率的好处和方法，不超过 500 字"，按【Enter】键确认，ChatGPT 即可生成演讲稿，如图 5-11 所示。

你要参与公司举办的演讲比赛，需要准备一份主题为"提高效率，快乐工作"的演讲稿，要求突出提高工作效率的好处和方法，不超过500字

提高效率，快乐工作

尊敬的领导、亲爱的同事们，

今天我想与大家分享的主题是"提高效率，快乐工作"。在我们每天都面对繁忙的工作任务时，提高工作效率不仅有助于提升个人绩效，还可以带来更多的工作满足感和幸福。

首先，让我们谈一谈提高工作效率的好处。高效工作意味着更少的时间和精力浪费。通过更有效地管理时间和资源，我们可以在更短的时间内完成任务，从而释放更多的时间用于自我发展、休闲和家庭。这不仅有助于提高工作生产力，还可以减轻工作压力，增加满足感。当我们感到自己的工作得到高效率的认可时，我们会更有信心，更快乐地投入工作。

那么，如何提高工作效率呢？以下是一些方法：

1. 设定明确的目标：确保每项工作都有明确的目标和优先级，以便更好地集中精力。
2. 时间管理：使用时间管理工具，如日程表和任务清单，来规划工作日并跟踪任务完成情况。
3. 减少干扰：识别并减少分散注意力的因素，如社交媒体、手机通知等。
4. 学习委托和分配任务：不必一切都亲力亲为，合理委托和分配任务可以减轻工作负担。
5. 持续学习：不断学习新的工作方法和技能，以提高效率和绩效。

总之，提高工作效率不仅使工作更有成就感，还可以带来更多的幸福感。通过明确目标、良好的时间管理、减少干扰和不断学习，我们可以实现更高的工作效率，享受更快乐的工作。我鼓励大家努力应用这些方法，实现更美好的职业和生活。谢谢。

图 5-11　ChatGPT 生成的演讲稿

070　生成工作总结

扫码看教学视频

在工作场景中，工作总结发挥着评估团队和个人的工作情况，提高团队的工作质量和个人工作能力的作用，同时，还能够指导未来的工作。写作工作总结往往在技巧上没有难度，但需要耗费大量的时间和精力，也十分考验人的总结能力和分析能力。此时，运用 ChatGPT 可以帮助用户快速梳理工作，从而提高写作工作总结的效率。

例如，用户可以在 ChatGPT 的输入框中输入"请帮我写一份'8 月—10 月实习工作的总结'，包括以下内容（另起一行）××××（具体内容）"，按【Enter】键确认，ChatGPT 即可生成工作总结，如图 5-12 所示。

请帮我写一份"8月—10月实习工作的总结"，包括以下内容
1、工作进展：
8月，学习抖音号的运营技巧，入门抖音号运营的软件操作，熟练掌握了剪映、Premiere、达芬奇等软件的运用，可以独立制作视频。
9月，独立运营公司的抖音号，每日更新3个视频，每个视频的点赞数据均超过1万。
10月，继续运营抖音号，提高抖音号视频的播放量、点赞量等数据；创新视频主题，开始接触公司品牌宣传视频的制作。
2、未来工作目标：
继续结合目标受众，提高抖音号视频的互动数据；深入学习写作公司品牌宣传视频的制作，协助品牌推广；加强团队协助、交流与沟通。

8月～10月实习工作总结

在过去的三个月里，我有幸参与公司的实习工作，积累了丰富的抖音号运营经验和视频制作技巧。以下是我在这段时间内的工作进展和未来工作目标的总结。

1.工作进展：

8月： 我开始学习抖音号的运营技巧，并入门了抖音号运营所需的软件操作。通过系统的培训，我迅速掌握了剪映、Premiere、达芬奇等视频编辑软件的使用技巧，能够独立制作视频。在这个月里，我主要是学习和积累知识，为后续的工作打下坚实的基础。

9月： 进入9月，我开始独立运营公司的抖音号。每天我不仅能够自主创作和编辑视频，还能够编写吸引人的视频描述，吸引更多观众互动。每日更新3个视频，而且每个视频的点赞数据均超过1万，这标志着我的工作取得了一定的成功。我也学会了分析观众反馈和数据，以便不断改进我们的内容。

10月： 在10月，我继续运营抖音号，并不断努力提高视频的播放量、点赞量等数据。我开始尝试创新的视频主题，以吸引更多观众，同时也开始接触公司品牌宣传视频的制作。这个过程中，我学到了更多有关品牌传播和影响力营销的知识，将它们融入到我的工作中，使抖音号更具吸引力。

2.未来工作目标：

在未来的工作中，我将继续努力，以实现以下目标：

· **提高抖音号视频的互动数据：** 我将继续深入了解我们的目标受众，以便更好地满足他们的需求。我计划尝试不同的创意和互动方式，以增加视频的互动数据，包括点赞、评论和分享等。
· **深入学习公司品牌宣传视频的制作：** 我希望更深入地学习如何制作公司的品牌宣传视频，为公司的品牌推广做出更大的贡献。我将积极寻求导师的指导，并学习行业最佳实践，以提高我的视频制作技能。
· **加强团队协助、交流与沟通：** 在实习期间，我意识到与同事和团队的良好协作至关重要。我将积极参与团队会议，分享我的经验和观点，同时也聆听他人的意见。我相信通过更好的沟通和协作，我们可以共同取得更大的成就。

总的来说，这段实习经历让我获益匪浅，我将继续努力，不断提高自己的技能，为公司的成功做出更多贡献。我期待着在未来的工作中取得更多的成就，同时也感谢公司给予我这个机会。

图 5-12　ChatGPT 生成的工作总结

071 生成招聘启事

对企业来说，招聘启事是广纳人才的有效途径。通过招聘启事上的信息，企业可以找到有针对性的人才，人们也可以有针对性地找到满意的工作。在 ChatGPT 的帮助下，企业可以轻松获得特定岗位的招聘启事。

例如，在 ChatGPT 的输入框中输入"Ki 公司主营海外日用品代购业务，为了提高公司知名度，急需招聘 3 名宣传人员，请结合宣传人员的技能，帮 Ki 公司写一份招聘启事"，按【Enter】键确认，ChatGPT 即可生成一则招聘启事，如图 5-13 所示。

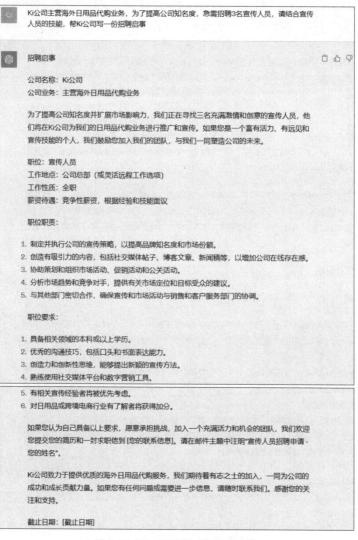

图 5-13　ChatGPT 生成的招聘启事

第 6 章

ChatGPT+ 视频创作：打造优质短视频

在泛娱乐的时代背景下，短视频作为主要的娱乐形式之一，深受大众的喜爱，这与视频的脚本策划和内容表达等制作技巧有密切关系。而 ChatGPT 可以帮助用户创作视频文案，使视频的制作事半功倍。

072　进行短视频主题的策划

扫码看教学视频

用户可以在 ChatGPT 中通过输入相关主题、情节、角色、对话等信息，来启发 ChatGPT 生成创意丰富的短视频脚本。这样，用户就能够更快地创作出吸引人的短视频内容，提高短视频的质量和观众的参与度。制作短视频是为了吸引观众的注意力，传递信息和传达情感，因此用户首先要策划一个好的主题。

例如，用户可以在 ChatGPT 的输入框中输入"关于冬季户外远动，请给我 10 个短视频的主题建议"，按【Enter】键发送，ChatGPT 会给出 10 个短视频主题建议，如图 6-1 所示。

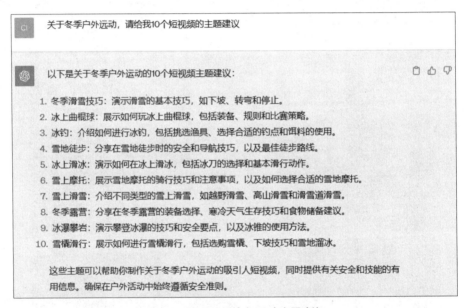

图 6-1　ChatGPT 给出 10 个主题建议

073　生成脚本内容

扫码看教学视频

有了短视频主题后，用户就可以让 ChatGPT 根据主题生成详细的脚本内容。例如，用户在 ChatGPT 的输入框中输入"以'5 个冬季滑雪技巧'为主题，写一个抖音短视频脚本。要求：实用性强，语言通俗、幽默，内容要符合平台规则，不要用极限词"，按【Enter】键发送，ChatGPT 即可生成短视频的脚本内容，如图 6-2 所示。

CI　以"5个冬季滑雪技巧"为主题，写一个抖音短视频脚本。要求：实用性强，语言通俗、幽默，内容要符合平台规则，不要用极限词

⑤　当然，以下是一个旨在娱乐并教育观众的抖音短视频脚本，主题是"5个冬季滑雪技巧"，语言通俗幽默。

[视频开场，你站在雪山前，滑雪板准备就绪]

你好，各位抖音小伙伴们！今天我要分享给你们5个超实用的冬季滑雪技巧，不要走开，这些技巧可是雪山上的生存法则！

[场景1：滑雪装备]

Tip 1：衣冠不正不好滑！穿上像个"南极探险家"一样的保暖衣物，戴好护目镜，头盔也是必备。

[场景2：滑雪姿势]

Tip 2：别跟柱子一样直！膝盖微弯，骚一点，低重心，像只猫一样优雅地滑！

[场景3：学习刹车技巧]

Tip 3：刹车可不是急刹车！用雪橇刹车技巧，双腿分开，像要接住一颗星星一样。

[场景4：掌握转弯技巧]

Tip 4：想变道，就像开车一样！倾斜身体，感觉那雪山弯弯曲曲的路。

[场景5：安全第一]

Tip 5：安全比滑雪更重要！别成为雪山的无头骑士，遵守规则，不要滑向未知领域。

[视频结束，你在雪山前总结]

这就是5个让你在雪山上滑得又有趣，又安全的技巧！记住它们，和雪山成为最好的朋友！如果你觉得这些技巧有帮助，记得点赞和分享哦！滑雪愉快！

[视频结束，配以欢快的音乐和适当的特效，时长控制在1分钟以内]

图 6-2　生成短视频的脚本内容

074　生成分镜头脚本

扫码看教学视频

　　分镜头脚本文案是用来描述短视频中每一个镜头的内容和细节的文稿。它通常包含标题、场景描述、景别、运镜、台词或对白、道具、节奏和节拍等要素，用户在撰写分镜头脚本文案时可以根据具体的需求来安排这些要素。

　　例如，用户可以在 ChatGPT 的输入框中输入"你是一名专业的美食博主，正在写一个关于美食探店的脚本，故事发生在一家味道好、价格低的铁板烧店里。

脚本用表格的形式呈现以下内容：分镜序号、景别（中、近、远、特写等镜头）、画面描述、对话台词（包括人物对话时的动作、语言、神态等，越详细越好）、背景音乐（给出具体的歌曲名称），不超过 10 幕"，生成的分镜头脚本文案如图 6-3 所示。

以下是一个关于美食博主在一家味道好、价格低的铁板烧店探店的脚本，分为 10 幕，以表格形式呈现：

分镜序号	景别	画面描述	对话台词	背景音乐
1	远	夜晚街头，铁板烧店招牌亮起。	无	清新的街头噪音
2	近	铁板上烧着红红火火的火焰，厨师娴熟地翻炒。	无	热闹的炒菜声音
3	近	铁板上摆放着各种食材，冒着诱人的香气。	无	香料和烹饪声音
4	特写	博主（主角）用筷子夹起一口食物，满意地嚼着。	博主：哇，这味道太美味了！	轻快的美食音乐
5	近	服务员微笑地走过来。	服务员：先生，还需要点其他菜吗？	轻快的音乐
6	中	博主点菜，服务员记录。	博主：来一份牛排，再来个蔬菜拼盘。	轻快的音乐
7	特写	厨师继续烹饪新菜品，笑容满面。	厨师：马上为您准备，争取让您满意！	热闹的炒菜声音
8	中	服务员端上新的菜品，继续微笑。	服务员：牛排和蔬菜拼盘，好好享用。	轻快的音乐
9	特写	博主尝试新菜品，表情满意。	无	轻柔的爵士音乐
10	远	铁板烧店外，博主支付账单，微笑离开。	无	清新的街头噪音

这个脚本将让观众沉浸在美食的诱人氛围中，感受到美食博主的舌尖美食之旅。你可以根据需要自由调整背景音乐和音效，以增强观众的情感体验。

图 6-3　ChatGPT 生成的分镜头脚本文案

075　生成短视频标题

除了策划主题和生成脚本，ChatGPT 还可以用来生成短视频标题。短视频标题是对短视频主体内容的概括，能够起到突出视频主题、吸引受众观看视频的作用。短视频标题通常会与 tag 标签一起在短视频平台中呈现。因此，用户在运用 ChatGPT 生成短视频标题文案时，需要在提示词中提出连同 tag 标签一起生成。

例如，在 ChatGPT 中输入"短视频标题文案的要求：1、突出受众痛点；2、能够快速吸引人眼球，并引起观众的兴趣。请根据要求提供一个主题为冬季睡衣分享的短视频标题文案，并添加 tag 标签"，即可生成一个短视频标题，如图 6-4 所示。

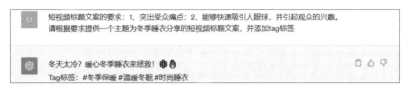

图 6-4　ChatGPT 生成一个短视频标题

076　生成互动体验类视频文案

扫码看教学视频

　　互动体验类视频文案是指在视频中用于描述、引导和激发受众参与互动的文字内容。互动体验类视频文案最主要的目的是吸引受众的注意力，并引导受众积极参与视频中的活动。运用 ChatGPT 生成互动体验类视频文案，需要用户输入具体的需求和恰当的提示词。

　　例如，在 ChatGPT 的输入框中输入"用互动体验类视频文案的写法，提供一篇主题为宣传新开业的手工陶艺店铺的短视频文案，不超过 200 字"，生成的回复如图 6-5 所示。

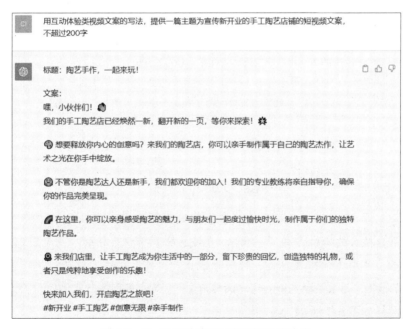

图 6-5　ChatGPT 生成的互动体验类视频文案

077 生成情节叙述类视频文案

扫码看教学视频

情节叙述类视频文案是指以讲故事的形式来描述视频内容的文字。这类文案通常协助镜头语言呈现出现实生活或反衬、映射现实生活，以讲故事的方式引人入胜。

情节叙述类视频文案的题材内容包括但不限于亲情、爱情、友情等关乎人类情感的故事。现今，在各大短视频平台中，最热门的情节叙述类视频文案是创作者虚构一个爱情故事，将其作为视频脚本，用镜头的方式呈现出来。

用户运用 ChatGPT 生成情节叙述类视频文案时，也可以先用 ChatGPT 虚构一个故事，然后再用 ChatGPT 将故事改成视频脚本。例如，先在 ChatGPT 的输入框中输入"提供一个关于男女主分手的故事，包括比较独特的场景、人物对话和心理独白，不超过 200 字"，生成的回复如图 6-6 所示。

> 提供一个关于男女主分手的故事，包括比较独特的场景、人物对话和心理独白，不超过200字
>
> 在一个安静的咖啡馆，男女主坐在窗前，眼神空洞地凝视着对面的雨滴滴下。窗外，暴风雨如他们的内心一样狂暴。男主低声说：
>
> 男主：你知道吗，我总是喜欢看雨，每滴雨都有它的故事。
>
> 女主抬起头，泪水在她的眼中闪烁：
>
> 女主：或许我们的故事也在雨中结束了。
>
> 男主的心理独白：她说得对，我们之间的故事早已不再如从前那般美好。或许这场雨是上天的安排，为我们画上句号。
>
> 窗外，雨水愈加倾盆，像是在为他们的离别哭泣。男女主的手在桌上轻轻碰触，然后慢慢分开，他们默默地喝完咖啡，收拾起各自的心，离开了这个曾经属于他们的角落。
>
> 故事结束，但他们都明白，每滴雨都有故事，而他们的故事将继续在生命的另一个角落里编写。

图 6-6 ChatGPT 虚构的故事

接着，用 ChatGPT 将虚构的故事生成短视频脚本，在输入框中输入"将上述故事用分镜头脚本的方式呈现出来。分镜头脚本要以表格的方式呈现以下内容：分镜序号、景别（中、近、远、特写等镜头）、画面描述、对话台词（包括人物对话时的动作、语言、神态等，越详细越好）、背景音乐（给出具体的歌曲名称）"，生成的回复如图 6-7 所示。

CI　将上述故事用分镜头脚本的方式呈现出来。分镜头脚本要以表格的方式呈现以下内容：分镜序号、景别（中、近、远、特定等镜头）、画面描述、对话台词（包括人物对话时的动作、语言、神态等，越详细越好）、背景音乐（给出具体的歌曲名称）

以下是故事的分镜头脚本：

分镜序号	景别	画面描述	对话台词	背景音乐
1	中	咖啡馆内，窗前，男女主坐着，窗外暴风雨中的雨滴拍打着玻璃	男女主无表情地凝视着窗外的雨滴。雨声震耳欲聋。	无
2	特写	男主	男主目光空洞，抬手轻抚玻璃上的雨滴，然后抬头看向女主。	男主（低声）：你知道吗，我总是喜欢看雨，每滴雨都有它的故事。
3	特写	女主	女主眼中含泪，轻声叹息，窗外的暴风雨与她的情绪相映成趣。	女主：或许我们的故事也在雨中结束了。
4	特写	男主	男主神情沉思，眼中闪现回忆的画面。	男主的心理独白：她说得对，我们之间的故事早已不再如从前那般美好。或许这场雨是上天的安排，为我们画上句号。
5	中	窗外	暴风雨愈演愈烈，雨水倾盆而下，像是在哭泣。	无
6	特写	男女主的手	男女主的手在桌上轻轻碰触，然后慢慢分开。	无
7	中	男女主	男女主相视一笑，不再说话。	无
8	特写	雨滴	雨滴在玻璃上不断流淌，模糊了外面的景象。	雨声自然音效
9	中	咖啡馆内，门口	男女主各自起身，收拾好东西，慢慢离开咖啡馆。	无

背景音乐：无，只有雨声自然音效。

图 6-7　ChatGPT 生成情节叙述类视频文案

078　生成干货分享类视频文案

扫码看教学视频

干货分享类视频文案是指在视频内进行知识分享、实用性技能传授的文字描述，能够帮助受众丰富自己的知识、提高能力或解决问题。这类文案的呈现方式可以是图文视频，也可以是口播视频。

例如，在 ChatGPT 的输入框中输入"你是一名园艺师，现在需要你分享一些实用的多肉植物养护技巧，以口播视频脚本文案的方式来分享，要求：配有画面展示，语言简洁、风趣，不超过 300 字"，生成的干货分享类视频文案如图 6-8 所示。

你是一名园艺师，现在需要你分享一些实用的多肉植物养护技巧，以口播视频脚本文案的方式来分享，要求：配有画面展示，语言简洁、风趣，不超过300字

[画面展示：镜头前有多肉植物盆栽]
嗨，大家好！我是你们的园艺师ChatGPT，今天要为你们分享一些多肉植物的养护技巧，保证你的多肉宝宝会茁壮成长！

[画面展示：阳光明媚的窗台上放着多肉植物]
第一条技巧是关于阳光。多肉植物喜欢阳光，所以要找一个明亮但不要暴晒的地方。它们喜欢偶尔的太阳浴，但炙热的阳光可不行哦！

[画面展示：用指尖轻轻摸摸多肉叶片]
其次，浇水要得当。记住，多肉宝宝不喜欢太多水。等土壤完全干燥后再浇水，不要让它们泡在水里，否则它们可能"溺水"！

[画面展示：换盆的过程]
第三个技巧是用心挑选土壤。多肉植物需要疏松通风的土壤，可以加入珍珠岩或珍珠石提高排水性。并不是所有土壤都适合它们哦！

[画面展示：小肥料袋和多肉植物]
最后，别忘了给多肉宝宝来一顿美味的餐点。但要记住，不要过度施肥，不然它们可能"发福"！

总之，养多肉植物就像养宠物一样，需要细心照顾。希望这些技巧对你的多肉宝宝有所帮助，一起来享受多肉的独特魅力吧！如果你有更多问题，不要犹豫，留言给我！[画面展示：手挥别，镜头渐渐模糊]

图 6-8　ChatGPT 生成的干货分享类视频文案

079　生成影视解说类视频文案

扫码看教学视频

影视解说类视频文案是指对简要介绍电影、电视剧情节的视频内容进行描述的文字。这类文案一般用语幽默、简洁，具有概括性，能够高度凝练剧集内容，并以最短的时间和最快的速度传达给受众。

例如，在 ChatGPT 的输入框中输入"提供影视解说类视频文案，主题为简要概括《音乐之声》（*The Sound of Music*）的情节，要用吸引人、幽默的语言来

概括，字数在 400 字以内"，生成的影视解说类视频文案如图 6-9 所示。

> CI　提供影视解说类视频文案，主题为简要概括《音乐之声》（*The Sound of Music*）的情节，要用吸引人、幽默的语言来概括，字数在 400 字以内
>
> 嗨，音乐爱好者和电影迷们！今天，我们要谈谈那部让人心旷神怡的经典电影，《音乐之声》（The Sound of Music）。这不是普通的音乐，这是让你的心跳与旋律同步的音乐！
>
> 首先，我们遇到了玛丽亚，一位受训成为修女的女孩，但问题是，她比唱诗班还疯狂！她唱歌，她跳舞，她想要在大自然中奔跑！她显然不是个待在修道院里的姑娘。
>
> 因此，修道院领导决定派她去当一家人的家庭教师。但哦，这家人可不是普通家庭，他们是冰雪王国的冯特拉普上校一家，有七个孩子！是的，你没听错，七个。
>
> 这部电影就像是音乐版的《七个小矮人》，但这次的教师可比白雪公主有性格多了！玛丽亚用音乐点亮了这个家庭，用歌声改变了孩子们的生活。
>
> 当然，这也是一部爱情故事。玛丽亚和上校之间的浪漫情感，就像山谷里的鸟儿在唱歌，是多么美妙！
>
> 但故事并不仅仅是关于音乐和爱情。它也涉及到政治，因为这部电影的背景是第二次世界大战前夕的奥地利。家庭、国家和自由的价值在这里碰撞，使故事更加感人。
>
> 最重要的是，《音乐之声》充满了动人的音乐。从"Do-Re-Mi"到"Edelweiss"，这些经典旋律会在你心头响起，让你不禁跟着哼唱。
>
> 所以，无论你是音乐爱好者，爱浪漫爱故事，还是想度过一个充满音乐和欢笑的夜晚，都要去看《音乐之声》！这部电影会让你在音乐中起舞，在爱情中沉醉，不由自主地加入那个美妙的旋律之中。就这样，让音乐充满你的生活，像《音乐之声》中一样！

图 6-9　ChatGPT 生成正式的影视解说类视频文案

080　生成电商类视频文案

扫码看教学视频

电商类视频文案是指在电商平台上发布的针对商品推广或品牌宣传的短视频中的文字描述内容，它的目的是通过简洁明了的语言表达，引导观众完成购买行为。

例如，在 ChatGPT 的输入框中输入"为一个冰激凌店的美食团购短视频创作标题文案和内容文案，字数在 200 字以内"，即可生成相应的电商类视频文案，如图 6-10 所示。

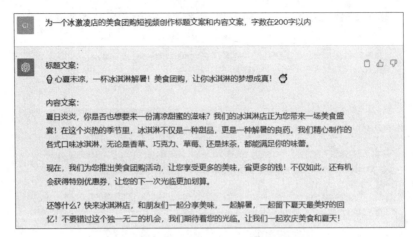

图 6-10　ChatGPT 生成的电商类视频文案

081　生成情感共鸣类视频文案

扫码看教学视频

情感共鸣类视频文案是指描述情感类视频内容，且能够引起受众共鸣的文字。通常情况下，情感共鸣类视频会以图文的形式来呈现，因此其文案的重点在于标题，打造有吸引力、能引起人共鸣的标题是情感共鸣类视频文案的关键。

例如，在 ChatGPT 的输入框中输入"用情感共鸣类视频文案的写法，提供 5 个主题为考研加油的励志类标题，要求积极向上、振奋人心"，生成的标题如图 6-11 所示。

图 6-11　ChatGPT 生成的标题

082　生成访谈节目脚本

　　脚本作为视频或节目拍摄的重要依据，起着不可替代的作用。在访谈节目的制作中，通过脚本可以把控节目的节奏和时长，促进节目保质高效地完成。在 ChatGPT 的帮助下，用户可以迅速获得访谈节目的脚本。

　　例如，在 ChatGPT 的输入框中输入"请根据以下信息提供一份访谈节目脚本，不超过 500 字（另起一行）××××（具体信息）"，按【Enter】键发送，ChatGPT 即可生成访谈节目的脚本，如图 6-12 所示。

> 请根据以下信息提供一份访谈节目脚本，不超过500字
> 访谈主题：探讨如何用手机拍出大片
> 访谈时间：一个小时
> 访谈对象：手机摄影博主夏朵
>
> 访谈节目脚本：探讨如何用手机拍出大片
>
> [主持人：欢迎观众朋友们收看今天的访谈节目！我们有幸邀请到了手机摄影博主夏朵，她将与我们分享如何用手机拍摄出令人惊艳的大片。让我们一起欢迎夏朵！]
>
> 主持人：首先，非常感谢夏朵博主能够参加我们的节目。请先向观众简要介绍一下自己以及你的手机摄影经验。
>
> 夏朵：非常感谢邀请我，我是夏朵。我从事手机摄影领域已经多年，我热爱用手机记录生活中的美丽瞬间，并分享这些经验和技巧，帮助更多人提高手机摄影技巧。
>
> 主持人：夏朵博主，您的手机摄影作品真的令人惊艳。对于那些希望提升手机摄影技能的观众，你认为应该从何入手？

> 夏朵：谢谢夸奖。首先，我建议观众熟悉自己的手机相机功能，了解各种设置和模式。然后，关注构图，充分利用光线，选择合适的角度来拍摄，构建有故事性的照片。
>
> 主持人：很实用的建议。手机摄影常常依赖于后期处理，你在后期处理方面有什么心得吗？
>
> 夏朵：后期处理是关键，但不应过度修图。保持真实，突出照片的核心，如色彩、对比度和细节。手机上有很多出色的后期处理应用，不妨多尝试，找到适合自己的风格。
>
> 主持人：有道理。那么，在手机摄影中，如何找到创意和灵感？
>
> 夏朵：创意无处不在。观察周围，寻找不同寻常的元素，尝试不同的角度和构图，拍摄日常生活中的细节，这些都可以带来灵感。此外，研究其他摄影师的作品，学习他们的风格和技巧，也是提高手机摄影创意的好方法。
>
> 主持人：最后，有没有一句话或建议，可以鼓励观众们在手机摄影方面努力进步？
>
> 夏朵：我想说，不要害怕犯错。拍摄是一个不断学习和进步的过程，每张照片都是一次经验积累。勇敢尝试，坚持拍摄，你会不断进步，拍出更令人满意的作品。
>
> 主持人：非常感谢夏朵博主的分享，这对于爱好手机摄影的观众们肯定很有启发。感谢大家收看本期节目，我们下期再见！

图 6-12　ChatGPT 生成的访谈节目脚本

083　生成纪录片脚本

扫码看教学视频

在制作纪录片时，脚本可以起到指导拍摄和剪辑的作用。用户运用 ChatGPT，可以快速获得特定主题的纪录片脚本，从而提高制作纪录片的效率。

例如，在 ChatGPT 的输入框中输入"请根据以下信息提供一份纪录片脚本（另起一行）××××（具体信息）"，按【Enter】键确认，ChatGPT 即可生成一份纪录片脚本，如图 6-13 所示。

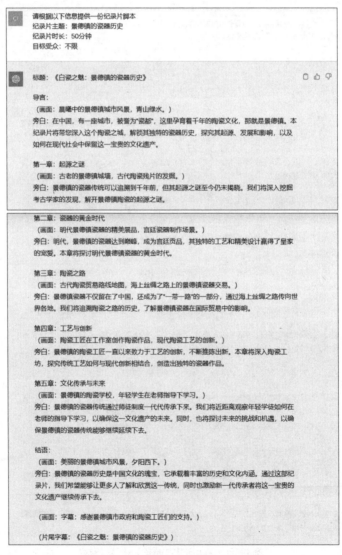

图 6-13　ChatGPT 生成的纪录片脚本

084　创作短视频剧本

短视频剧本是辅助剧情类短视频拍摄的文本内容，与影视剧本的内容相似，包括剧情介绍、人物的对话台词等。在 AI 的帮助下，想制作剧情类短视频的用户可以更快地创作出短视频剧本。

例如，在 ChatGPT 的输入框中输入"请围绕'战胜恐惧'这个主题，创作一个短视频剧本，要求：设置一些冲突和反转，让情节更加吸引人，不超过 500 字"，按【Enter】键确认，ChatGPT 即可生成短视频剧本，如图 6-14 所示。

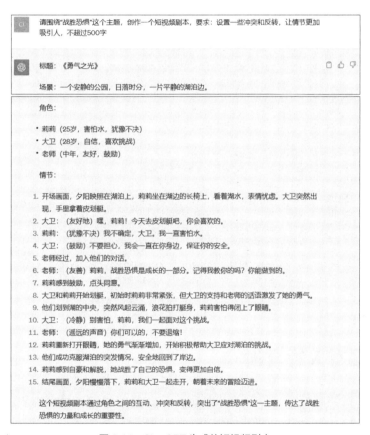

图 6-14　ChatGPT 生成的短视频剧本

085　设计视频画面

在视频脚本中，设计画面内容能够让视频效果更加出彩，因此用户要想制作出优质的短视频，可以在画面设计上稍下功夫。用户巧妙地运用 ChatGPT，可以借助 AI 的力量设计出更多有创意的画面。

例如，在 ChatGPT 的输入框中输入"请提供一些短视频画面内容策略，以重阳节为主题，视频时长为 20s，视频画面的主角是一位老太太和她的中年女儿"，按【Enter】键确认，ChatGPT 会重新提供短视频画面内容策略，如图 6-15 所示。

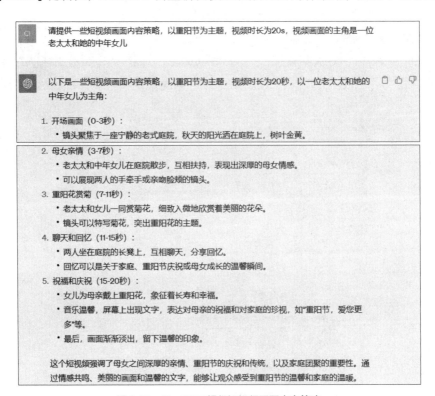

图 6-15　ChatGPT 提供短视频画面内容策略

086　编写人物台词

扫码看教学视频

台词在视频制作中也发挥着重要的作用，好的台词设计可以表现人物的性格，推动故事情节的发展。用户巧用 ChatGPT，可以达到利用 AI 创编人物台词，提供创作灵感的目的。

例如，在 ChatGPT 的输入框中输入"请编写一些爱情剧的人物台词，角色为男生 W 和女生 O 相遇时的对话，角色性格分别为幽默风趣和温柔知性，此时的场景背景为男生在路边不小心撞到了女生的单车"，按【Enter】键确认，ChatGPT 会根据情境编写人物台词，如图 6-16 所示。

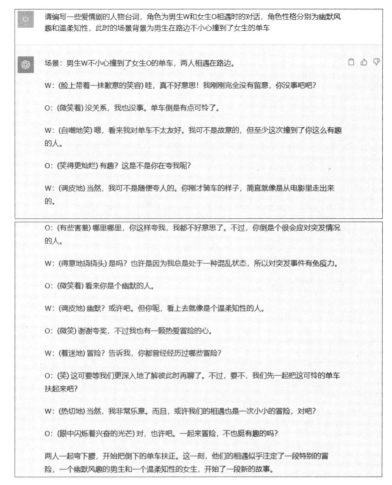

图 6-16　ChatGPT 根据情境编写人物台词

087　安排视频的时长

扫码看教学视频

　　在生活节奏越来越快的当下，视频作为人们喜闻乐见的娱乐方式之一，它的时间把控相当重要。好的视频不仅画面内容为人所赞赏，时间与画面恰到好处的结合也能够让人眼前一亮。在 ChatGPT 的帮助下，用户可以获得准确、高效的时长设计方案。

　　例如，在 ChatGPT 的输入框中输入"请根据以下信息提供一份有效的视频时间设计方案（另起一行）××××（具体信息）"，按【Enter】键确认，ChatGPT 会结合视频信息对视频时长进行安排，如图 6-17 所示。

请根据以下信息提供一份有效的视频时间设计方案
视频主题：秋冬女鞋推荐
视频时长：30s
视频重点：介绍马丁靴的皮料、做工和搭配

以下是一个有效的视频时间设计方案，涵盖了秋冬女鞋推荐主题，视频时长为30秒，重点介绍马丁靴的皮料、做工和搭配：

0-3秒：引言

- 用3秒钟的时间展示你的品牌或视频标题，并加入一个吸引人的视觉元素，例如快速展示一排漂亮的马丁靴。

3-8秒：介绍马丁靴的概念

- 用5秒钟的时间简单介绍马丁靴是秋冬季节的时尚选择，能够提供舒适和时尚。

8-15秒：皮料和做工

- 在7秒的时间内，展示不同种类的马丁靴，重点突出它们的皮料和做工。这可以包括特写镜头展示皮质细节和手工制作过程。

15-22秒：搭配建议

- 花费7秒钟的时间展示如何搭配马丁靴，包括搭配牛仔裤、长裙或其他秋冬服装。使用时尚模特或示例搭配来演示。

22-28秒：特色和优势

- 花费6秒的时间强调马丁靴的特色和优势，例如防水性、耐用性和风格多样性。

28-30秒：结尾和呼吁行动

- 在最后2秒中，强调品牌名称和提供观众一个行动呼吁，例如访问您的网站、关注您的社交媒体或购买这些马丁靴。

在整个视频中，确保使用高质量的视觉效果和音乐，以增强观众的吸引力。同时，确保文字和语音解说清晰，以便观众能够明白您的信息。这个设计方案能够在短短30秒内有效地传达秋冬女鞋推荐的主题，并突出马丁靴的重要特点。

图 6-17　ChatGPT 结合视频信息对视频时长进行安排

088　创作动漫脚本

扫码看教学视频

　　和电视剧、电影一样，动漫也是影视行业中重要的娱乐形式，不同的是，动漫主要是以漫画或插画的形式来讲述故事、表达观点的。动漫由一定的脚本统领，串联单个成册的漫画，组成完整的动漫视频或电影。用户巧用 ChatGPT，可以获得创作动漫脚本的灵感和参考。

　　例如，在 ChatGPT 的输入框中输入"请你充当动漫制作人，创作一个以小鳄鱼过生日为主题的动漫视频脚本，要求：故事不超过 5 集，剧情有反转"，按【Enter】键确认，ChatGPT 会结合需求创作出相应的动漫脚本，如图 6-18 所示。

请你充当动漫制作人，创作一个以小鳄鱼过生日为主题的动漫视频脚本，要求：故事不超过4集，剧情有反转

当然可以！以下是一个以小鳄鱼过生日为主题的动漫视频脚本，共分为四集，剧情充满了反转和惊喜。

动漫片名：《小鳄鱼的生日奇遇》

第一集：生日的愿望

开场：

镜头从一个宁静的湖泊开始，水面上有一只可爱的小鳄鱼，它在水中游来游去，非常开心。小鳄鱼突然意识到今天是它的生日，于是闭上眼睛，许下了一个愿望。

情节：

小鳄鱼告诉湖泊中的鱼朋友们，它希望过一个特别的生日，但它也感到孤独，因为它没有家人。鱼朋友们答应帮助小鳄鱼实现它的愿望。

鱼朋友们开始为小鳄鱼筹备生日派对，他们游遍了整个湖泊，收集了五颜六色的水草、美味的小虫子和闪亮的鱼鳞。他们在湖岸边建立了一个小派对场地。

第二集：生日的惊喜

开场：

小鳄鱼期待着生日的到来，但当天早上，它发现湖泊的水位急剧下降，几乎快要干涸了。小鳄鱼非常担心派对无法继续。

情节：

鱼朋友们不放弃，他们紧急召集了其他湖泊的鱼朋友，一起帮助小鳄鱼度过特别的一天。他们带来了水、食物和更多惊喜。

小鳄鱼的生日派对在湖泊岸边盛大举行，有音乐、舞蹈和美味的食物。小鳄鱼感到非常幸福，因为它意识到它并不孤单，有那么多关心它的朋友。

第三集：神秘的来客

开场：

生日派对进入高潮，小鳄鱼正享受着与朋友们的时光。突然，天空出现了一位神秘的来客，一只神秘的巨大乌龟。乌龟宣布它是湖泊的守护者，它听说小鳄鱼的愿望，因此特地前来赠送一份礼物。

情节：

乌龟展示了它的礼物，一个神奇的宝盒，它能够实现小鳄鱼的愿望。小鳄鱼打开宝盒，愿望变得真实，湖泊水位恢复正常，它再次变得宁静和美丽。

第四集：反转与感动

开场：

生日派对结束后，小鳄鱼感到非常感动，它向鱼朋友们和守护者乌龟表示感谢。但当它打开宝盒的时候，发现里面是空的，愿望并没有实现。

情节：

小鳄鱼不失望，因为它已经领悟到，真正重要的不是愿望是否实现，而是与朋友一起度过的时光和感受到的关爱。它学到了友情和感恩的重要性。

动画结束时，小鳄鱼与鱼朋友们在湖泊中畅游，享受着美丽的风景和温馨的时光。这是一个温馨的故事，强调了友情和感恩，以及生日不仅仅是愿望的实现，更是与亲人和朋友共度的特殊时刻。

图 6-18　ChatGPT 生成的动漫脚本

第 7 章

ChatGPT+ 文案写作：让你文思泉涌

　　文案是一种用于广告、宣传、市场营销、文学作品、网站内容等各种媒体中的文字，其目的是吸引受众，传递信息、情感或观点。但是，文案写作并不是一件轻松的事情，用户常常会遇到没有灵感的情况，而运用 ChatGPT 可以帮助用户打开思路，快速完成文案创作。

089　生成头条号文案

今日头条是一个提供新闻资讯的社交新媒体平台，而头条号文案就是发布于今日头条平台上的文字内容。头条号文案的内容主要以新闻资讯为主，但用户也可以发布其他符合《今日头条社区规范》，并且有信息量、主题鲜明、逻辑严谨或图文并茂的内容。

打造爆款的头条号文案有 3 个标准：一是原创性强，要求用户尽可能地原创内容；二是内容优质，要求用户发布的头条号文案符合内容标准，并且能够给受众提供价值；三是垂直度高，要求用户发布的内容专注于同一领域。

例如，在 ChatGPT 的输入框中输入"请以今日头条的文案风格写一篇 200 字左右的文章，主题为'手机摄影构图知识分享'，内容包括：吸引人的标题和开头、构图技巧、结尾与受众互动"，按【Enter】键发送，ChatGPT 即会生成头条号文案，如图 7-1 所示。

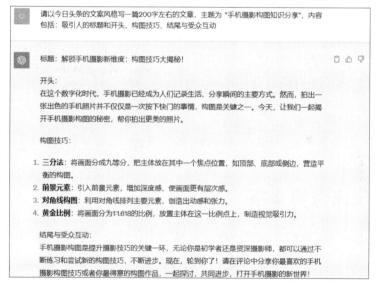

图 7-1　ChatGPT 生成的头条号文案

090　生成大鱼号文案

大鱼号是阿里大文娱旗下的内容创作平台，为用户提供内容创作、创作收益与原创保护等服务，而大鱼号文案是指发布于大鱼号平台的文字内容。

例如，在 ChatGPT 的输入框中输入"请以大鱼号的文案风格写一篇 300 字的文章，主题为'实用的生活小技巧分享'，内容包括：有吸引力的开头；实用的小技巧分享，如发黄的鞋怎么变白；结尾添加互动。要求：标题需要符合网络传播特性，主体内容用'一、二、三'的符号进行要点罗列，语言风格要更亲切、日常一些"，按【Enter】键发送，生成的文案如图 7-2 所示。

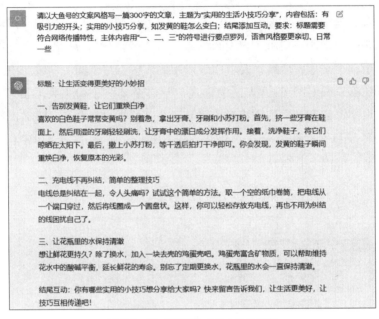

图 7-2　ChatGPT 生成的大鱼号文案

091　生成微博文案

扫码看教学视频

微博是一个用户实时分享信息、传播话题、讨论与交流的社交媒体，能够满足用户关注实时资讯、即时分享、交友互动的需求，而微博文案是指发布于微博平台的文字内容。

例如，在 ChatGPT 的输入框中输入"提供 5 个主题为萨摩耶的可爱风微博文案，每条文案不超过 100 个字"，按【Enter】键发送，生成的微博文案如图 7-3 所示。

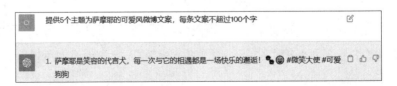

> 2. 萨摩耶：天使的毛茸茸，永远的拥抱！ ❤️🐾 #毛茸茸的幸福
> 3. 雪地精灵：萨摩耶独特的白色外貌在阳光下更加耀眼夺目，是不是太美了？ ❄️🐾 #雪地宠物
> 4. 当你心情低落，一双萨摩耶的大眼睛就能治愈你的心灵，犬儿的魔力无人能挡！ ❤️🐾 #犬儿的魔法
> 5. 萨摩耶不仅是狗狗，更是无尽的快乐和温暖，是我们生活中最可爱的伴侣！ 🐕❤️ #萨摩耶爱

图 7-3 ChatGPT 生成的微博文案

092 生成小红书笔记

用户可以借助 ChatGPT 生成小红书笔记的标题和内容，从而轻松运营账号和保持内容的更新。例如，在 ChatGPT 的输入框中输入"你是一位拥有百万粉丝的小红书穿搭博主，请以'秋季毛衣穿搭'为主题，创作一篇小红书爆款笔记，要求标题有亮点，并加入一些真实的经验分享，不超过 300字"，按【Enter】键确认，ChatGPT 会生成小红书爆款笔记，如图 7-4 所示。

扫码看教学视频

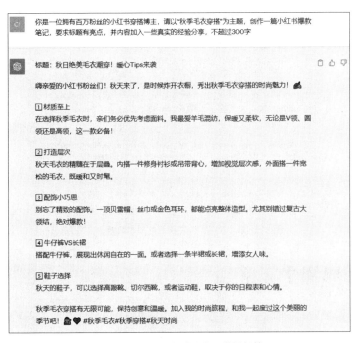

图 7-4 ChatGPT 生成的小红书爆款笔记

093 生成公众号文章

在新媒体领域，公众号是一大阵地，对于传播思想、传达信息和

扫码看教学视频

分享干货等具有重要的作用。写作一篇公众号文章需要经过策划选题、编写大纲、写初稿、修改、定稿等环节，用户往往会花费大量的时间和精力，而在 ChatGPT 的帮助下，用户可以获得更多的选题灵感，从而提高写文章的效率，更好地发挥公众号文章的作用。

例如，在 ChatGPT 的输入框中输入"请以'友情如何长久'为主题，写一篇公众号文章，要求标题能引人注目，加入一些能够支撑观点的具体案例，不超过 300 字"，按【Enter】键确认，ChatGPT 会生成特定主题的公众号文章，如图 7-5 所示。

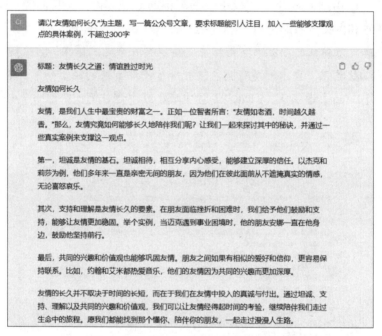

图 7-5　ChatGPT 生成特定主题的公众号文章

094　生成知乎文章

知乎也是新媒体领域中传播思想、交流观点的重要平台，人们喜欢在知乎上对一些提问发表看法，也会带着问题去阅读文章。于用户而言，想要创作一些专业的内容并不是一件容易的事，它需要用户知识的积累和深刻的思考，但在 ChatGPT 的帮助下，撰写出专业性的能够引起人共鸣的文章便不再是难事。

例如，在 ChatGPT 的输入框中输入"请根据知乎平台的写作模式和特征，用

扫码看教学视频

科普性文章的方式对以下问题进行回答，不超过 400 字（另起一行）问题：如何保持良好作息"，按【Enter】键确认，ChatGPT 即会生成知乎文章，如图 7-6 所示。

图 7-6　ChatGPT 生成的知乎文章

095　生成豆瓣书评

扫码看教学视频

　　在豆瓣平台，书评是新媒体平台中常见的文章形式，发挥着图书推广与传播的作用。要想有效地发挥书评的作用，用户需要具备独到的见解、较强的文字表达能力和写作能力，而在 ChatGPT 的帮助下，用户可以高效地完成豆瓣书评的写作。

　　例如，在 ChatGPT 的输入框中输入"请根据豆瓣书评的风格，为《白鲸》(*Moby Dick*) 这本书写作专业的书评，不超过 300 字"，按【Enter】键确认，ChatGPT 即会生成豆瓣书评，如图 7-7 所示。

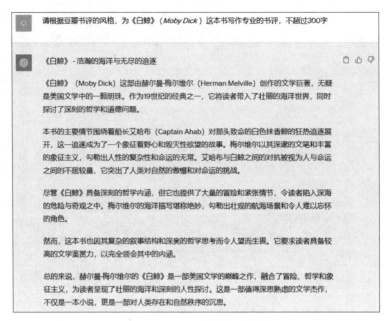

图 7-7　ChatGPT 生成的豆瓣书评

096　生成播客内容

扫码看教学视频

　　公众号文章、小红书笔记和豆瓣书评都是以视觉性内容为主的新媒体文案，播客内容则是以听觉内容为主的新媒体文案。播客内容类似于电台，通过声音传播文字内容、信息和观点，是快节奏时代衍生的产物。

　　虽然传递方式、接收感官不同，但文本实质是相同的，对播客来说，内容同样重要。用户巧用 ChatGPT，可以帮助梳理逻辑和理清思路，撰写更清晰、完整的播客内容。

　　例如，在 ChatGPT 的输入框中输入"你是一个播客运营者，正在运营一个油画棒技巧分享的播客，请以'如何用油画棒画出好看的云'为主题来撰写一期播客内容，300 字左右"，按【Enter】键确认，ChatGPT 即会生成播客内容，如图 7-8 所示。

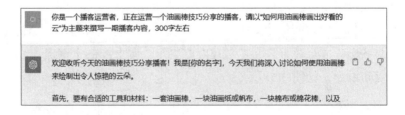

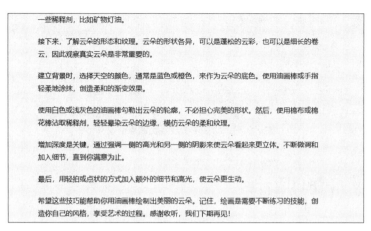

一些稀释剂，比如矿物灯油。

接下来，了解云朵的形态和纹理。云朵的形状各异，可以是蓬松的云彩，也可以是细长的卷云，因此观察真实云朵是非常重要的。

建立背景时，选择天空的颜色，通常是蓝色或橙色，来作为云朵的底色。使用油画棒或手指轻柔地涂抹，创造柔和的渐变效果。

使用白色或浅灰色的油画棒勾勒出云朵的轮廓，不必担心完美的形状。然后，使用棉布或棉花棒沾取稀释剂，轻轻晕染云朵的边缘，模仿云朵的柔和纹理。

增加深度是关键，通过强调一侧的高光和另一侧的阴影来使云朵看起来更立体。不断微调和加入细节，直到你满意为止。

最后，用轻拍或点状的方式加入额外的细节和高光，使云朵更生动。

希望这些技巧能帮助你用油画棒绘制出美丽的云朵。记住，绘画是需要不断练习的技能，创造你自己的风格，享受艺术的过程。感谢收听，我们下期再见！

图 7-8　ChatGPT 生成的播客内容

097　生成行业软文

扫码看教学视频

行业软文是指围绕不同行业的产品或服务进行宣传推广、信息分享等的文字内容。常见的行业软文有汽车类软文、数码类软文、房产类软文和旅游类软文等。

在写作行业软文时，首先需要选择合适的媒体进行发布，不同的媒体受众不同，且有不同的语言风格和排版需求；其次是尽量使用简洁、有说服力的语言，能起到好的宣传效果；最后是定期更新产品的宣传资料，让人们了解最新的动态。

例如，在 ChatGPT 的输入框中输入"请以软文的写法写一篇 200 字的文章，主题为'小众海滩推荐'，内容包括：有吸引力的标题，推荐的小众海滩和推荐原因，结尾与受众有互动"，ChatGPT 生成的软文如图 7-9 所示。

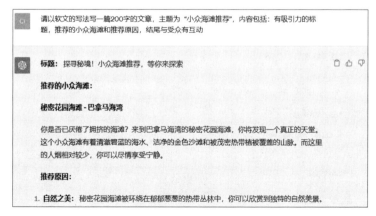

图 7-9

113

> 无需担心拥挤，这里仿佛是一个未经开发的天然宝藏。
>
> 2. **水上活动：** 海滩提供了丰富的水上活动，如浮潜、划皮划艇和冲浪，适合冒险爱好者和水上运动爱好者。
>
> **结尾：**
>
> 如果你渴望远离喧嚣，秘密花园海滩绝对是你的度假胜地。忘却烦恼，探索自然之美，享受宁静的时光。你有没有心仪的小众海滩？与我们分享，一起让旅行更加充实！

图 7-9　ChatGPT 生成满足需求的软文

098　撰写新闻稿件

扫码看教学视频

新闻工作者最主要的工作任务是采写及时、有效的新闻资讯，传达给读者。而写作一篇时效性强、内容全面、观点深刻的新闻稿件并非一件易事，在 ChatGPT 的帮助下，可以提高写稿的效率和质量。

例如，在 ChatGPT 的输入框中输入"请写一篇发布于报纸上的新闻稿件，日期为 2023 年 11 月 16 日，主题为'冬季防火注意事项'，要求：字数在 400 字左右，表述严谨、精练"，按【Enter】键确认，ChatGPT 即会生成新闻稿件，如图 7-10 所示。

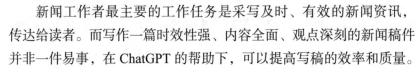

> 请写一篇发布于报纸上的新闻稿件，日期为2023年11月16日，主题为"冬季防火注意事项"，要求：字数在400字左右，表述严谨、精练
>
> **标题：冬季防火注意事项**
>
> *日期：2023年11月16日*
>
> 随着冬天的到来，我们迎来了干燥和寒冷的季节，这也增加了火灾发生的风险。为确保我们的社区和家园的安全，以下是一些冬季防火的重要注意事项。
>
> **1. 室内取暖安全：**
>
> 在使用取暖设备时，请确保设备工作正常，电线电缆完好无损。设备应放置在安全位置，远离易燃物，如纸张、布料等。定期检查和维护取暖设备，确保其在运行时是安全的。
>
> **2. 遵守焚烧规定：**
>
> 冬季园艺废料的处理要遵守当地的规定，包括焚烧时间和地点。不要随意焚烧垃圾，以免引发火灾，应优先选择环保的废物处理方式。
>
> **3. 谨慎使用火源：**
>
> 在户外进行野营或烧烤时，要确保火源远离干燥的枯草和易燃物。当离开火源时，务必完全熄灭火源，以免火势失控。
>
> **4. 丢烟蒂：**
>
> 丢弃烟蒂是野外火灾的常见原因之一。请务必正确处置烟蒂，使用专用烟蒂容器或者确保烟

蒂熄灭后再丢弃。

5. 防止煤气泄漏:

使用煤气供暖和烹饪设备时，要时刻留意煤气泄漏的迹象，如气味或声音。如果怀疑有煤气泄漏，应立即关闭煤气阀门，通风室内，不使用明火，并联系煤气公司或紧急服务。

6. 电器用火安全:

避免使用破损的电线和插座。不要过度负荷插座，定期检查电器设备，确保它们在正常使用时是安全的。

7. 定期检查消防设备:

确保家中和工作场所的消防设备，如灭火器、火警报警器等，保持良好工作状态。检查电池是否有电，并定期进行维护。

8. 学习灭火技能:

了解基本的灭火技巧，学会如何使用不同类型的灭火设备。这些技能在紧急情况下可能拯救生命。

9. 处理易燃材料:

将易燃材料存放在远离火源的地方，不要靠近暖气或炉子。

10. 邻里合作:

与邻居建立有效的沟通和合作，互相提醒和分享信息，共同关心社区的防火安全。

通过遵循这些建议，我们可以减少冬季冬火灾的风险，保护我们的家园和社区。请牢记这些安全措施，教育您的家人和邻居，一起确保一个安全而温暖的冬季。

图 7-10　ChatGPT 生成的新闻稿件

099　生成爆款标题

标题向来是写文章不可或缺的重要元素，新媒体文章也不例外。一个好的新媒体文章标题可以点明文章的主旨，帮助文章快速吸引读者的兴趣，从而为新媒体账号带来更好的曝光和流量。在 ChatGPT 的帮助下，用户能够了解不同新媒体平台的标题特征，写出更加高效、有价值的爆款标题。

扫码看教学视频

例如，在 ChatGPT 的输入框中输入"请根据小红书平台的标题特征，围绕'沐浴露推荐'这个主题，生成 10 个爆款标题，要求：有吸引力、字数在 20 字以内"，按【Enter】键确认，ChatGPT 会生成爆款标题，如图 7-11 所示。

图 7-11

1. "解锁嫩滑肌肤秘诀，这款沐浴露爆火了！"
2. "告别干燥，这款沐浴露让你一秒变身水嫩女神！"
3. "最美的清晨从一瓶沐浴露开始，不可错过！"
4. "沐浴新体验，这款沐浴露让你尽情享受！"
5. "温和滋润，夏季护肤必备沐浴露推荐！"
6. "护肤达人推荐，这款沐浴露不容错过！"
7. "悄悄告诉你，明星们都在用的沐浴露！"
8. "身体也值得呵护，尝试一下这款沐浴露吧！"
9. "红红火火夏日美肌，这款沐浴露当家！"
10. "爽滑好肌肤，这款沐浴露一瓶搞定！"

图 7-11　ChatGPT 生成的爆款标题

100　生成电商直播脚本文案

扫码看教学视频

　　直播脚本文案是指对直播活动中的各个流程进行合理规划形成的文稿。这类文案能够帮助用户有秩序地进行直播活动，从而顺利地完成直播任务。一般来说，直播活动分为游戏直播、泛娱乐直播和电商直播3 种，用户运用 ChatGPT 生成直播脚本文案，可以结合直播活动的类型来编写提示词。

　　例如，在 ChatGPT 的输入框中输入"结合电商直播的流程，策划一场主题为'年货节'的电商直播活动，要有具体的流程安排和优惠信息"，按【Enter】键发送，便可以得到 ChatGPT 生成的直播脚本文案，如图 7-12 所示。

> CI　结合电商直播的流程，策划一场主题为"年货节"的电商直播活动，要有具体的流程安排和优惠信息
>
> 电商直播活动的策划需要经过多个阶段，包括策划、准备、执行和后续跟踪。以下是一场主题为年货节的电商直播活动的流程安排和优惠信息建议：
>
> **阶段一：策划**
>
> 1. **确定主题和目标**：明确年货节的主题，例如"迎接新年，购买年货"，并设置明确的销售目标。
> 2. **选定主播**：选择受欢迎的主播，最好是有相关领域经验的，能够吸引观众的主播。
> 3. **活动时间**：选择一个适当的时间，通常在购物高峰期和假期前。
> 4. **产品准备**：确定要销售的年货产品，确保有足够的库存，并制定特别的套餐或优惠活动。
> 5. **预算**：制定预算，包括主播费用、广告费用、礼品和优惠活动成本等。
>
> **阶段二：准备**
>
> 1. **节目内容**：与主播一起制定节目内容，包括产品介绍、互动环节、抽奖活动等。
> 2. **广告宣传**：设计吸引人眼的广告宣传，包括宣传海报、社交媒体宣传等，提前开始宣传活动。
> 3. **技术支持**：确保直播设备、网络连接和平台设置都能顺利运行。
> 4. **礼品和优惠活动**：准备礼品和特别的优惠活动，例如满额减、赠品或抽奖等，以吸引观众。
>
> **阶段三：执行**

1. **直播活动**：按照预定时间进行直播，保持互动，回答观众的问题，并介绍年货产品。
2. **特别嘉宾**：邀请一些特别嘉宾，例如厨师、美容师等，与主播一起分享使用年货产品的技巧。

阶段四：后续跟踪

1. **销售和库存追踪**：跟踪销售数据，确保达到销售目标，同时管理库存。
2. **客户反馈**：收集客户反馈，了解他们的满意度和建议，以改进未来的活动。
3. **总结报告**：制作一份总结报告，包括销售数据、参与度、成本和收益，以便分析活动的成功程度。

优惠信息建议：

1. **打折促销**：提供特别的年货折扣，例如满100元减20元。
2. **赠品**：购买指定年货产品的顾客可以获得免费的小礼品或样品。
3. **抽奖活动**：观众在直播中参与抽奖，有机会赢得年货产品或其他礼品。
4. **限时特价**：在直播活动期间提供特别的限时促销，鼓励观众立刻购买。
5. **积分奖励**：为购物积累一定积分，以后可用于换购或折扣。

以上是一场年货节的电商直播活动的策划流程和一些优惠信息的建议。确保与主播、团队和平台紧密合作，以确保活动的成功。

图 7-12　ChatGPT 生成的直播脚本文案

101　生成直播标题文案

扫码看教学视频

直播标题文案是指发布直播活动的时间、主题等信息的文字内容，能够起到宣传直播活动、吸引受众注意力的作用。在直播活动的标题文案中，一般会直接写明直播开始的时间、直播的主题和受众的利益点，吸引受众关注直播。

例如，在 ChatGPT 的输入框中输入"用公益活动的标题形式，为一场扶贫手工艺品直播专场提供标题文案，并进行解读，要求：体现 12 月 11 日这个直播时间，语言不要那么正式，要有吸引力、突出亮点"，按【Enter】键发送，便可以得到 ChatGPT 生成的直播标题文案，如图 7-13 所示。

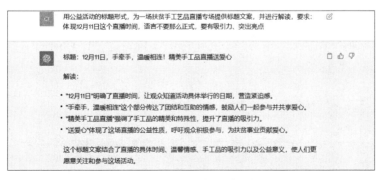

图 7-13　ChatGPT 生成的直播标题文案

102　生成直播封面文案

直播封面文案是指在直播海报或直播主页上显示的文字内容。通常情况下，直播封面文案的特点是文字简短、高度概括、主题明确和对受众有吸引力的，如"购物车的秘密"。用户在运用 ChatGPT 生成直播封面文案时，可以让 ChatGPT 融入修辞手法来生成文案，使文案更具创意性和吸引力。

例如，在 ChatGPT 的输入框中输入"用直播封面文案的写法，提供 5 个游戏直播的封面文案，要求：30 字以内，用词要具有新颖性、独特性，适当使用隐喻、用典等修辞手法"，按【Enter】键发送，ChatGPT 生成的直播封面文案如图 7-14 所示。

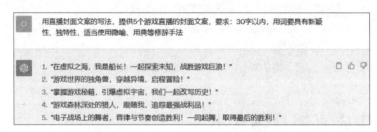

图 7-14　ChatGPT 生成满足需求的直播封面文案

103　生成直播预热文案

直播预热文案是指在直播活动开始之前对直播进行宣传、推广的文字内容。这类文案有两大呈现方法，一是在将要直播的平台上进行内容发布；二是在将要直播的平台之外的平台上进行内容发布，不同的呈现方式决定着直播预热文案的语言风格。

一般来说，抖音平台无论是否作为将要直播的平台，都会成为直播预热文案的主要呈现形式之一。因此，直播预热文案的语言风格多带有抖音平台文案的特点。

例如，在 ChatGPT 的输入框中输入"提供一条适合在抖音上宣传直播活动的文案，主题为冬季大衣推荐"，按【Enter】键发送，让 ChatGPT 生成直播预热文案，如图 7-15 所示。

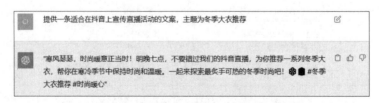

图 7-15　ChatGPT 生成正式的直播预热文案

104 生成直播热评文案

扫码看教学视频

直播热评文案是指在直播平台或社交媒体上，主播针对正在进行的直播活动发表有趣、引人注目或创造性的评论。这些评论旨在吸引受众的注意力、增加互动和讨论，并提供娱乐价值。

常见的直播热评文案有谐音梗型、情感表达型、名言警句型、发起互动型和表达祝福型，用户运用 ChatGPT 生成直播热评文案，可以根据直播热评文案的类型来编写提示词。

例如，在 ChatGPT 的输入框中输入"为一场主题为'手链编织'的直播活动，提供 5 条情感表达型的热评文案"，按【Enter】键发送，ChatGPT 生成的文案如图 7-16 所示。

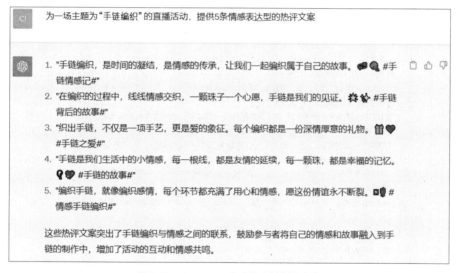

图 7-16　ChatGPT 生成的直播热评文案

105 生成直播金句

扫码看教学视频

直播金句是指在直播活动中获得受众广泛关注的、引起大众一致好评且能够令受众印象深刻的文字内容。这类文案通常句式简短，能够快速吸引受众的眼球，并给予受众一定的冲击力。用户在运用 ChatGPT 生成直播金句时，可以结合直播平台的受众喜好和直播金句的特点来编写提示词。

例如，在 ChatGPT 的输入框中输入"直播金句是指有美感、有思想深度和能引起人共鸣的文字。请提供 15 条关于友情的直播金句，要求：引用名言名句或运用修辞手法，能够引起人共鸣”，生成的回复如图 7-17 所示。

直播金句是指有美感、有思想深度和能引起人共鸣的文字。请提供15条关于友情的直播金句，要求：引用名言名句或运用修辞手法，能够引起人共鸣

当谈论友情时，以下是15条关于友情的直播金句，它们引用名言名句或使用修辞手法，旨在引起人的共鸣：

1. "友情如同书籍，一本好书，值得你用一生去品味。" — 以书籍比喻友情的珍贵和深度。
2. "友情，是生命中唯一不需要标价的珍宝。" — 通过“不需要标价的珍宝”强调友情的无价之宝。
3. "友情是一座桥梁，可以连接心灵的距离，让我们跨越陌生，抵达彼此。" — 运用桥梁的比喻来强调友情的联系和交流。
4. "真正的朋友是那个能听见你沉默的声音，看见你不言而喻的情感的人。" — 强调真正友情的敏感和理解。
5. "友情如同阳光，它不仅照亮你的生活，还温暖你的心。" — 通过“阳光”比喻友情的温暖和光芒。
6. "友情是那个能够在你的人生故事中扮演各种角色的演员，而永远不会离场的。" — 运用戏剧比喻来强调友情的持久和多样性。
7. "友情如同钥匙，它打开内心的大门，让你展现真实的自我，不用害怕被审视。" — 运用“钥匙”比喻友情的解锁作用。
8. "友情是一首美妙的音乐，由心灵演奏，每个音符都是真挚的情感。" — 运用音乐比喻来强调友情的和谐和情感表达。
9. "朋友是我们生命中的明亮星辰，指引我们在黑暗中找到方向。" — 以“明亮星辰”比喻友情的引导作用。
10. "友情是一杯温热的茶，每一口都包含了关心和关怀，每一次品味都是一次心灵的拥抱。" — 运用茶的比喻来强调友情的舒适和温馨。
11. "友情是破晓的希望，是黑夜中的明灯，总是在你需要时照亮前路。" — 运用破晓和明灯的比喻来强调友情的希望和支持。
12. "友情如同艺术品，无需解释，只需要感受。" — 通过“艺术品”比喻友情的美感和深度。
13. "友情是一株种在心田的花朵，它在不经意间开放，为我们带来幸福的香气。" — 运用花朵的比喻来强调友情的美丽和香气。
14. "真正的朋友是那个在你身后，但永远支持你前进的人。" — 强调真正友情的无私和鼓励。
15. "友情如同宝石，无论经历多少风雨，它都会闪烁出永恒的光芒。" — 通过“宝石”比喻友情的耐久和珍贵。

这些直播金句结合了名言、比喻和修辞手法，旨在触动人们的情感和共鸣。

图 7-17　ChatGPT 生成带有主题的直播金句

第 8 章

ChatGPT+AI 绘画：助力艺术创作

在 AI 绘画领域中，运用 ChatGPT 可以帮助人们快速生成 AI 绘画指令（即提示词），为用户提供 AI 绘画参考和指导。当用户不知道如何运用 AI 绘画工具生成理想的画作时，可以赋予 ChatGPT 一定的身份，让 ChatGPT 提供绘画指令，从而使 AI 绘画工具响应并生成画作。

106　快速生成 AI 绘画指令

扫码看教学视频

AI 绘画是人工智能的重要应用场景之一，用户只需在 AI 绘画平台中输入指令，AI 即可自动创作画作，而生成 AI 绘画作品的指令可以让 ChatGPT 提供。下面将举例介绍具体的操作方法。

步骤 01 在 ChatGPT 的输入框中输入"假设你是一个 AI 绘画师，请帮我写 5 个描述巴洛克建筑特征的提示词"，如图 8-1 所示。

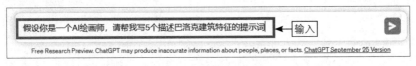
假设你是一个AI绘画师，请帮我写5个描述巴洛克建筑特征的提示词 ◀——输入

Free Research Preview. ChatGPT may produce inaccurate information about people, places, or facts. ChatGPT September 25 Version

图 8-1　在 ChatGPT 的输入框中输入指令

步骤 02 按【Enter】键发送，ChatGPT 即可生成 AI 绘画的提示词，如图 8-2 所示。

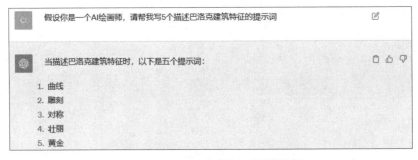
假设你是一个AI绘画师，请帮我写5个描述巴洛克建筑特征的提示词

当描述巴洛克建筑特征时，以下是五个提示词：

1. 曲线
2. 雕刻
3. 对称
4. 壮丽
5. 黄金

图 8-2　ChatGPT 生成的 AI 绘画提示词

107　生成漫画的绘画指令

扫码看教学视频

漫画是一种独特的绘画艺术形式。它只需用简单的线条、随意的笔触便可以勾勒出事物的形态，发挥着陈述故事、歌颂见闻、抒发情感、供人娱乐等作用。随着人工智能的发展，同样能够用 AI 技术智能化生成漫画，包括漫画的故事情节、人物、场景等，都可以由 AI 创作。下面将举例介绍具体的操作方法。

步骤 01 在 ChatGPT 的输入框中输入"你现在是一位 AI 绘画师，请提供一些生成漫画的指令建议"，按【Enter】键发送，ChatGPT 会给出 AI 绘制漫画的建议，如图 8-3 所示。

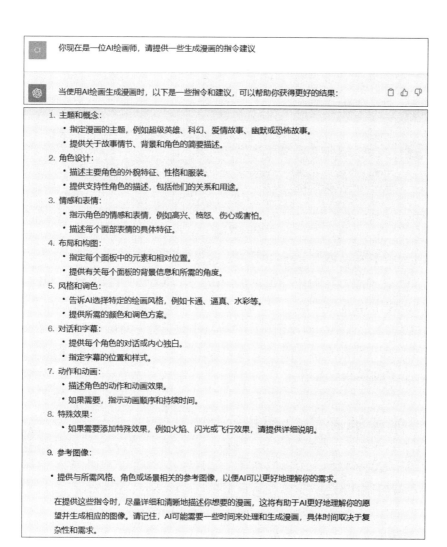

图 8-3　ChatGPT 给出利用 AI 绘制漫画的建议

步骤 02 在同一个聊天窗口的输入框中输入"请根据以上建议，提供一个以'植物王国'为主题的漫画的 AI 绘画指令示例，字数在 50 字以内"，按【Enter】键发送，ChatGPT 会生成利用 AI 绘制漫画的指令，如图 8-4 所示。

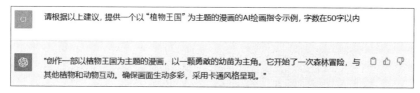

图 8-4　ChatGPT 生成的利用 AI 绘制漫画的指令

步骤 03 在输入框中输入"请将以上绘画指令翻译为英文"，按【Enter】键发送，ChatGPT 即可生成英文的 AI 绘画指令，如图 8-5 所示。

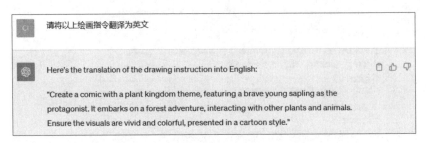

图 8-5　ChatGPT 生成的英文 AI 绘画指令

在上述示例中，赋予 ChatGPT 一定的身份，可以让 ChatGPT 建立对 AI 绘画的认知，从而更好地为用户提供建议；在向 ChatGPT 提出 AI 绘画指令需求时，用户应提供具体的绘画主题，让 ChatGPT 有一定的参考；在提出要求时，按照 AI 绘画指令简明性的原则，用户应对字数进行一定的限制，一般在 50 字以内为最佳；翻译指令这一步骤，可以作为一些英文版本的 AI 绘画工具，如 Midjourney 的绘画指令备用。

108　生成油画的绘画指令

扫码看教学视频

油画是用调和颜料来绘制的画种，具有色彩丰富、立体质感强的特点。AI 绘画在兴起之际，便可以根据指令的不同，绘制出不同的画作，油画也不例外。下面将举例介绍具体的操作方法。

步骤 01 在 ChatGPT 的输入框中输入"你现在是一位 AI 绘画师，请提供 5 条生成以'睡莲'为主题的油画的 AI 绘画指令，字数在 50 字以内"，按【Enter】键发送，ChatGPT 即可生成相应的指令，如图 8-6 所示。

图 8-6　ChatGPT 生成相应的指令

步骤02 用户可以选择一条喜欢的指令，让 ChatGPT 将其翻译成英文，例如在输入框中输入"请将第 3 条绘画指令翻译成英文"，按【Enter】键发送，ChatGPT 即可完成对指令的翻译，如图 8-7 所示。

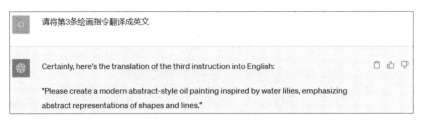

图 8-7　ChatGPT 对指令进行翻译

109　生成插画的绘画指令

扫码看教学视频

插画是一种艺术形式，与漫画和油画相同，具有传达信息和情感的作用。在 AI 绘画中，插画也是极为受欢迎的绘画类型。下面将举例介绍具体的操作方法。

步骤01 在 ChatGPT 的输入框中输入"你现在是一位 AI 绘画师，请提供一些生成武侠风格的插画的 AI 绘画指令，字数在 50 字以内"，按【Enter】键发送，ChatGPT 即可生成相应的指令，如图 8-8 所示。

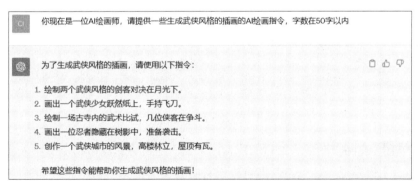

图 8-8　ChatGPT 生成相应的指令

步骤02 用户可以选择一条喜欢的指令，让 ChatGPT 对其进行完善和扩写，例如在输入框中输入"请将第 2 条指令进行扩展"，按【Enter】键发送，ChatGPT 即可生成扩展后的绘画指令，如图 8-9 所示。

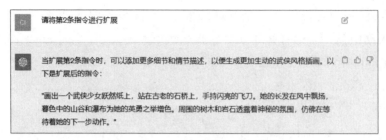

图 8-9　ChatGPT 生成扩展后的绘画指令

插画的主题或风格有多种选择，例如动物风格、花卉风格、工笔画风格、赛博朋克风格和 3D 效果等，用户可以根据自己的需求进行选择和调整。

110　生成水墨画的绘画指令

扫码看教学视频

水墨画是中国传统绘画的主要形式，以水、墨绘制而成，带有文雅、层次分明的艺术特征。用户通过 AI 技术能够快速地生成水墨画，获得水墨画绘制的灵感。下面将举例介绍具体的操作方法。

步骤 01　在 ChatGPT 的输入框中输入"你现在是一位 AI 绘画师，请提供绘制一幅主题为'玉兰花'的水墨画的 AI 绘画指令，字数在 50 字以内，要求突出玉兰花的高洁、优雅"，按【Enter】键发送，ChatGPT 即可生成相应的指令，如图 8-10 所示。

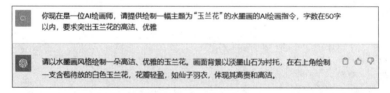

图 8-10　ChatGPT 生成相应的指令

步骤 02　在同一个聊天窗口的输入框中输入"请将生成的指令翻译成英文"，按【Enter】键发送，ChatGPT 即可生成对应的英文指令，如图 8-11 所示。

> 请将生成的指令翻译成英文
>
> Please create an ink painting in a traditional style featuring an elegant and pure magnolia flower. Use a light ink background with delicate mountains and rocks as a backdrop. In the upper right corner, depict a white magnolia bud about to bloom, with graceful, ethereal petals, highlighting its nobility and purity.

图 8-11　ChatGPT 生成对应的英文指令

用户在让 ChatGPT 生成水墨画绘画指令时，尽量在 ChatGPT 的指令中说明绘画要求，如写意、传神等，这样可以让 ChatGPT 生成更为有效的 AI 绘画指令。

111　生成摄影作品的绘画指令

扫码看教学视频

除了绘画，摄影也是一种艺术形式，将 AI 技术与摄影结合同样能够带来具有美感的作品。AI 摄影是一项具有高度艺术性和技术性的创意活动。其中，人像、风光和黑白摄影作为热门的主题，在展现瞬间之美的同时，也体现了用户对生活、自然和世界的独特见解与审美体验。下面将举例介绍具体的操作方法。

步骤01 在 ChatGPT 的输入框中输入"你现在是一位 AI 绘画师，请提供绘制一张主题为'落日余晖'的摄影作品的 AI 绘画指令，字数在 50 字以内，要求使用标准镜头、中景景别、横构图、顺光"，按【Enter】键发送，ChatGPT 即可生成相应的指令，如图 8-12 所示。

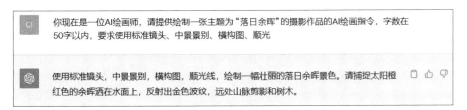

图 8-12　ChatGPT 生成相应的指令

步骤02 在同一个聊天窗口的输入框中输入"请将生成的指令翻译成英文"，按【Enter】键发送，ChatGPT 即可生成对应的英文指令，如图 8-13 所示。

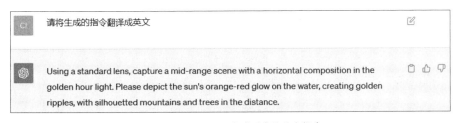

图 8-13　ChatGPT 生成对应的英文指令

摄影作品相对于其他绘画作品而言有所不同，它有很大的纪实性，并且还需要考虑镜头、景别、构图、光线等因素，用户在给 ChatGPT 提供提示词时应注意这些因素。

112　生成设计作品的绘画指令

设计作品是指一些设计图纸或图稿，包括服装产品、珠宝首饰、礼盒包装和室内布局等。用 AI 绘画工具绘制设计作品，一方面可以为设计者提供创意灵感，另一方面可以让 ChatGPT 协助完成设计稿。下面将举例介绍具体的操作方法。

 在 ChatGPT 的输入框中输入"你现在是一位 AI 绘画师，请生成 10 条发夹设计图的 AI 绘画指令，要求：发夹要适合 25 至 35 岁的女性日常使用，颜色和样式不要过于夸张，风格简约、复古"，按【Enter】键发送，ChatGPT 即可生成相应的指令，如图 8-14 所示。

> 你现在是一位AI绘画师，请生成10条发夹设计图的AI绘画指令，要求：发夹要适合25至35岁的女性日常使用，颜色和样式不要过于夸张，风格简约、复古
>
> 作为AI绘画师，我为您生成适合25至35岁的女性日常使用的发夹设计图的指令。以下是10条指令：
>
> 1. 请绘制一个宽度约为1.5厘米的发夹，以浅粉色为基础色，上面加入淡紫色的花朵图案，花瓣边缘带有淡黄色的细节。
> 2. 绘制一个直径2厘米的圆形发夹，以浅蓝色为主色，中央有一个小型白色蝴蝶结装饰。
> 3. 创作一个带有金色边框的矩形发夹，宽度为2厘米，颜色为浅灰色，中央有淡紫色的小花纹。
> 4. 请设计一个扇形发夹，以深棕色为底色，具有复古感，上面刻有象牙色的小花纹和金色边缘。
> 5. 绘制一个细长型发夹，宽度约0.5厘米，颜色为淡橄榄绿，表面有深绿色的叶子图案。
> 6. 创作一个心形发夹，颜色为淡粉色，上面有淡紫色的小星星装饰，营造浪漫的氛围。
> 7. 请设计一个椭圆形发夹，宽度1.2厘米，颜色为浅灰色，上面有类似蕾丝的纹理。
> 8. 绘制一个圆形发夹，直径2.5厘米，颜色为淡褐色，中央有深蓝色的小珍珠装饰。
> 9. 创造一个扁平的矩形发夹，宽度2.5厘米，颜色为淡粉色，上面绘制淡灰色的小猫咪图案。
> 10. 请设计一个带有小银色圆片的发夹，颜色为淡蓝色，整体外观保持极简主义。
>
> 这些指令可以帮助您创建适合25至35岁女性的日常使用发夹，以简约和复古的风格为主。

图 8-14　ChatGPT 生成相应的指令

步骤 02 用户可以提出新的要求，让 ChatGPT 对生成的指令进行调整，在同一个聊天窗口的输入框中输入"除了用来夹住头发，还需要开发发夹的其他用途，请根据这个要求对以上生成的指令进行修改"，按【Enter】键发送，ChatGPT 即可完成对指令的调整，如图 8-15 所示。

CI　除了用来夹住头发，还需要开发发夹的其他用途，请根据这个要求对以上生成的指令进行修改

ChatGPT　当为发夹添加其他用途时，我们可以根据不同功能对之前生成的指令进行一些修改。以下是经过修改的10条指令，包括其他用途：

1. 请绘制一个宽度约为1.5厘米的多功能发夹，以浅粉色为基础色，上面加入淡紫色的花朵图案，同时在发夹一侧附加一个小镜子，适合梳理头发时使用。
2. 绘制一个直径2厘米的圆形发夹，以浅蓝色为主色，中央有一个小型白色蝴蝶结装饰，同时在蝴蝶结上方加入一个小的香水容器，可以盛放少量香水。
3. 创作一个带有金色边框的矩形发夹，宽度为2厘米，颜色为浅灰色，中央有淡紫色的小花纹，并在一侧设计一个小口袋，适合存放小钞票或卡片。
4. 请设计一个复古感的扇形发夹，以深棕色为底色，上面刻有象牙色的小花纹和金色边缘，同时在发夹一侧添加一个小笔记本，便于记录事项。
5. 绘制一个细长型发夹，宽度约0.5厘米，颜色为淡橄榄绿，表面有深绿色的叶子图案，同时在一端设计一个小针筒，可以用来紧急缝补衣物。
6. 创作一个心形发夹，颜色为淡粉色，上面有淡紫色的小星星装饰，同时在心形发夹的一侧添加一个小指甲修整器。
7. 请设计一个椭圆形发夹，宽度1.2厘米，颜色为浅灰色，上面有类似蕾丝的纹理，同时在发夹的一侧添加一个小唇膏盒。
8. 绘制一个圆形发夹，直径2.5厘米，颜色为淡褐色，中央有深蓝色的小珍珠装饰，同时在发夹的一侧附加一个小指环，可用作戒指或手饰。
9. 创造一个扁平的矩形发夹，宽度2.5厘米，颜色为淡粉色，上面绘制淡灰色的小猫咪图案，同时在发夹的一侧添加一个小香囊，用于存放香水或干花。
10. 请设计一个带有小银色圆片的发夹，颜色为淡蓝色，整体外观保持极简主义，同时在发夹的一侧添加一个小钥匙扣，方便携带钥匙或卡片。

这些修改后的指令可以帮助您创建多功能的发夹，满足不同需求，同时保持简约和复古的风格。

图 8-15　ChatGPT 对指令进行调整

需要注意的是，ChatGPT 生成的 AI 绘画指令只能作为参考，用户在选择绘画指令时要考虑设计的可行性和实用性，并根据生产技术进行适当调整。

113　生成电商产品图的绘画指令

扫码看教学视频

在电商广告中，AI 技术发挥着重要作用，包括店铺 LOGO（全称为 Logotype，徽标或者商标）、产品主图、模特展示图、产品详情页等都可以运用 AI 技术进行设计，以提高设计人员的工作效率和产品的成交率。下面将举例介绍具体的操作方法。

步骤01 在 ChatGPT 的输入框中输入"你现在是一位 AI 绘画师，请提供一

个毛绒拖鞋产品主图的 AI 绘画指令，字数在 50 字以内"，按【Enter】键发送，ChatGPT 即可生成相应的指令，如图 8-16 所示。

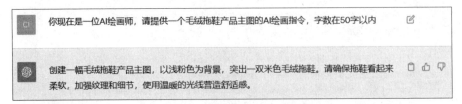

图 8-16 ChatGPT 生成相应的指令

步骤 02 用户可以提供一些产品信息，让 ChatGPT 将这些融入生成的指令中，在同一个聊天窗口的输入框中输入"毛绒拖鞋的颜色有黑色、白色和红色，鞋上印有兔子图案，请根据这些信息对生成的指令进行调整"，按【Enter】键发送，ChatGPT 即可生成调整后的绘画指令，如图 8-17 所示。

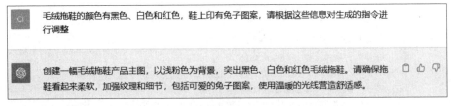

图 8-17 ChatGPT 生成调整后的绘画指令

第 9 章

ChatGPT+ 科研学习：做你的私人家教

ChatGPT 可以为科研项目提供快速获取和整理科学文献的工具，也可以作为学习助手为用户解答疑惑，提供教育性的内容，拓宽教学资源，促进用户自主学习。本章将介绍 ChatGPT 在科研、学习和教育领域的应用。

114　生成论文大纲

扫码看教学视频

无论是在选题策划阶段，还是在写作阶段，论文都十分考验用户的学术能力，往往需要用户投入大量的时间和精力。借助 ChatGPT 的力量可以为论文写作减轻一些负担，从而提高用户写作论文的效率。

例如，在 ChatGPT 的输入框中输入"请以《网络缩写词对传统汉语教学的挑战》为论文题目，提供完整的论文大纲"，按【Enter】键发送，ChatGPT 会生成论文大纲，如图 9-1 所示。

请以《网络缩写词对传统汉语教学的挑战》为论文题目，提供完整的论文大纲

论文题目：《网络缩写词对传统汉语教学的挑战》

I. 引言
A. 背景介绍
B. 研究目的和意义
C. 论文结构概述

II. 传统汉语教学概述
A. 传统汉语教学方法
B. 传统教学的优点
C. 传统教学的不足

III. 网络缩写词的兴起与特点
A. 网络缩写词的定义和分类
B. 网络缩写词的历史和发展
C. 网络缩写词的特点

IV. 网络缩写词对传统汉语教学的挑战
A. 语言变革与词汇更新
B. 沟通障碍和文化差异
C. 学习者的学习动机

V. 传统教学与网络缩写词的融合
A. 教学方法的调整
B. 语境教学的重要性
C. 跨文化沟通的培训

VI. 网络缩写词教材的开发
A. 教材编写原则
B. 实际案例分析
C. 教材的有效性评估

VII. 结论
A. 挑战和机遇
B. 教育政策和课程发展的建议
C. 未来研究方向

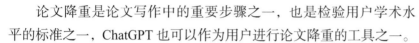

VIII. 参考文献

附录：
A. 网络缩写词常用表格
B. 教材示例

这个大纲提供了一个基本框架，以探讨网络缩写词如何影响传统汉语教学，并提供了应对这些挑战的建议和教育策略。您可以根据具体的研究内容和论文要求来扩展和调整各个部分。

图 9-1　ChatGPT 生成的论文大纲

115　进行论文降重

扫码看教学视频

论文降重是论文写作中的重要步骤之一，也是检验用户学术水平的标准之一，ChatGPT 也可以作为用户进行论文降重的工具之一。

例如，在 ChatGPT 的输入框中输入"请对以下论文内容进行降重（另起一行）论文内容：××××"，按【Enter】键确认，ChatGPT 会按照要求对论文进行降重，如图 9-2 所示。

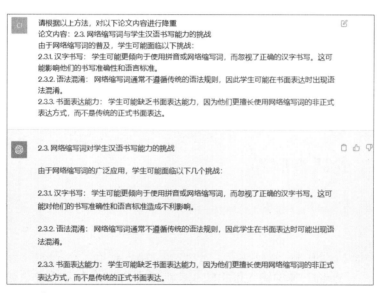

图 9-2　ChatGPT 按照要求对论文进行降重

116　生成调研报告大纲

扫码看教学视频

调研报告是产生理论知识、做出科学决策的重要依据，具有准确性、清晰化、实用性和逻辑性等特点。最重要的是，调研报告有极强的可读性，适合不同的读者阅读，这与它的语言风格和表达方式有关。在 ChatGPT 的帮助下，用户可以写出有更高可读性的调研报告。

例如，在 ChatGPT 的输入框中输入"请写一篇关于线上聊天使用表情包对人际关系影响的调研报告大纲"，按【Enter】键发送，ChatGPT 即会给出一份调研报告大纲，如图 9-3 所示。

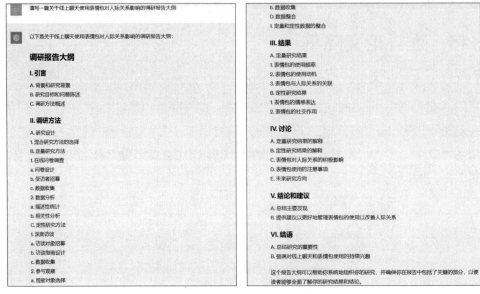

图 9-3　ChatGPT 给出的调研报告大纲

117　生成调查问卷

调查问卷是采用问卷调查法进行调研的文本内容，能够为调研报告提供数据支撑。运用 ChatGPT 可以直接生成调查问卷，从而提高撰写调研报告的效率。

扫码看教学视频

例如，在 ChatGPT 的输入框中输入"我正在规划一个关于谐音梗对于日常交流的影响的调研方案，请帮我生成一份调查问卷，要求加入一些开放性的问题"，按【Enter】键确认，ChatGPT 即会生成调查问卷，如图 9-4 所示。

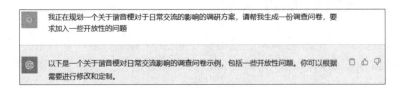

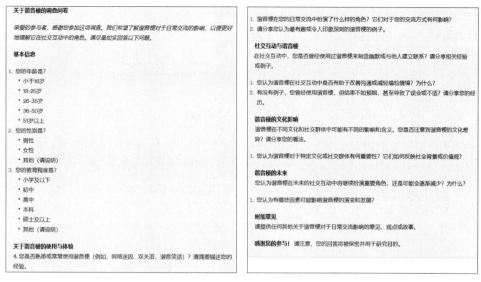

图 9-4　ChatGPT 生成的调查问卷

118　生成实验报告大纲

扫码看教学视频

实验报告是学术领域中常见的文本，主要用于记录、分析和解释各类实验和测验的结果，从而提高学术水平。巧妙地运用 ChatGPT，用户可以借助 AI 的力量高效地完成实验报告。

例如，在 ChatGPT 的输入框中输入"请以'广告投放时机对效果的影响'为主题，生成实验报告的大纲"，按【Enter】键确认，ChatGPT 即会生成实验报告的大纲，如图 9-5 所示。

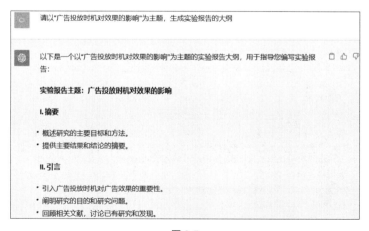

图 9-5

135

III. 研究设计	• 汇总各个实验组的主要结果。
• 描述实验的设计和方法。	• 描述广告投放时机对广告效果的影响趋势。
• 说明实验所使用的广告媒介、广告内容和广告样本。	• 可视化结果，使用图表或图像展示数据。
• 详细说明广告投放时机的操作化定义和变化范围。	IX. 讨论
IV. 样本和参与者	• 分析结果并解释广告投放时机对广告效果的影响。
• 说明研究的参与者招募方法。	• 探讨发现与已有文献的一致性和差异。
• 提供参与者的特征描述，包括人口统计信息。	• 讨论实验的局限性和未来研究建议。
• 讨论样本规模和分组方式。	X. 结论
V. 实验程序	• 总结实验的主要发现。
• 解释实验的步骤和流程。	• 提供对广告策划和实践的启示和建议。
• 描述广告投放时机的操作化方式和控制变量。	XI. 参考文献
• 说明如何对参与者进行随机分组。	• 引用在实验报告中引用的相关文献和数据源。
VI. 数据收集	XII. 附录
• 描述数据收集方法，包括问卷调查、生理数据收集或其他测量方式。	• 包括实验中使用的材料、问卷或实验指南。
• 说明实验过程中数据记录的时间点和频率。	XIII. 致谢
• 讨论数据质量和可靠性的保证。	• 感谢协助实验的参与者、研究团队或资金支持机构。
VII. 数据分析	XIV. 补充资料
• 介绍所使用的统计分析方法，例如方差分析（ANOVA）或回归分析。	• 包括数据附表、图表、附加分析等。
• 分析不同广告投放时机对广告效果的影响，包括广告记忆、消费者态度和购买意愿。	请根据您的实际实验和研究情况，对每个部分进行详细的填写，确保实验报告清晰、有逻辑性，同时要确保符合学术写作规范和格式。
• 呈现统计结果和显著性水平。	
VIII. 结果	

图 9-5　ChatGPT 生成实验报告的大纲

119　生成读书笔记

扫码看教学视频

　　读书笔记是对一本书进行信息归纳，可以帮助用户找到书中的重 /
难点、了解书中的信息和正确理解书中的观点。好的读书笔记应当结
构清晰、要点明确。在 ChatGPT 的帮助下，用户可以快速获得一份好的读书笔记。

　　例如，在 ChatGPT 的输入框中输入"请提供《魔戒》的读书笔记，300 字以
内，要点突出"，按【Enter】键确认，ChatGPT 即可生成对应书籍的读书笔记，
如图 9-6 所示。

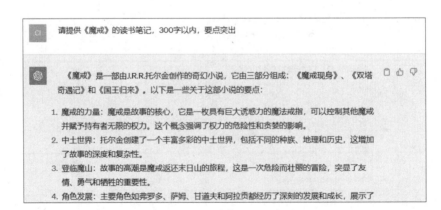

人性的各种面向。

5. 主题：小说涉及了众多主题，如友情、背叛、自我发现、对抗恶势力等，这些主题赋予了故事更大的内涵。

6. 语言和文化：托尔金以他自创的语言和文化为故事增添了独特的特点，包括精灵语、多种方言和历史传承。

7. 希望与胜利：尽管故事充满了黑暗和困难，但最终，希望和正义战胜了邪恶，这是一个令人鼓舞的信息。

总的来说，托尔金的《魔戒》是一部深思熟虑的史诗，强调了价值观、冒险精神和人性的复杂性。它不仅是一部奇幻小说，还是一部深刻的哲学作品，鼓舞人心，值得深入研究和阅读。

图 9-6　ChatGPT 生成对应书籍的读书笔记

120　概括文章的主要内容

扫码看教学视频

当用户在阅读长篇文章时，很容易因为文章的字数过多、篇幅过长、信息过于密集，而抓不到重点，此时，将文章提供给 ChatGPT，便可以让 ChatGPT 帮用户提炼出文章的关键词句和重点信息，从而帮助理解文章内容。

例如，在 ChatGPT 的输入框中输入"请阅读以下文章，清晰、简洁地概括出关键信息（另起一行）××××"，按【Enter】键确认，ChatGPT 即会概括出特定文章的主要内容，如图 9-7 所示。

这篇文章讨论了国风歌曲对传承传统文化的影响，强调了以下关键信息：

1. 国风歌曲是中国传统音乐的代表，它以古代文学作品为基础，通过独特的音乐、歌词和意境传承了古代文化的智慧和情感。

2. 这些歌曲传达了中国传统文化的核心价值观，如忠诚、孝顺、仁爱等，有助于传播和强化传统道德观念。

3. 国风歌曲的演唱方式和表演保留了古代音乐的特征，同时在现代音乐中融入国风元素，吸引年轻一代的关注，传达传统文化的精髓。

4. 尽管具有深刻的传统背景，国风歌曲在当代音乐中依然具有重要意义，现代音乐家和歌手将国风元素融入作品，使其更具时代性，有助于年轻一代理解和珍惜传统文化。

总之，国风歌曲不仅仅是一种音乐形式，更是中国传统文化的重要使者，对传承和发扬传统文化具有关键作用。

图 9-7　ChatGPT 概括出特定文章的主要内容

121　构建知识图谱

扫码看教学视频

ChatGPT 可以帮助用户构建知识框架，无论是某一特定学科，还是跨学科的知识，都可以让 ChatGPT 提供知识图谱，从而帮助用户理解并运用知识点。

例如，在 ChatGPT 的输入框中输入"我想了解西方文学的发展史，请帮我构建这方面的知识图谱"，按【Enter】键确认，ChatGPT 会给出相应主题的知识图谱，如图 9-8 所示。

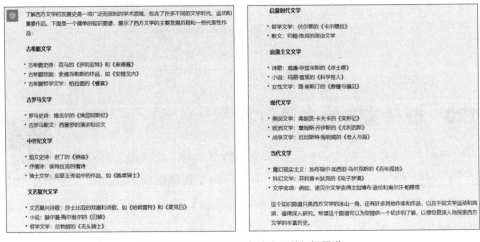

图 9-8　ChatGPT 给出相应主题的知识图谱

122　提供写作文的思路

扫码看教学视频

命题作文是考查学生写作水平的方式之一，通过提供一段材料或设定一个主题，让学生根据所给材料或主题来撰写作文。在 ChatGPT 的帮助下，用户可以获得拟写命题作文的灵感和参考。

例如，在ChatGPT的输入框中输入"解读下面这句话，提供3个写作文的思路（另起一行）'有人把得与失看成终点，有人把得与失看成起点，有人把得与失看成过程。'"，按【Enter】键确认，ChatGPT会提供写作文的思路，如图9-9所示。

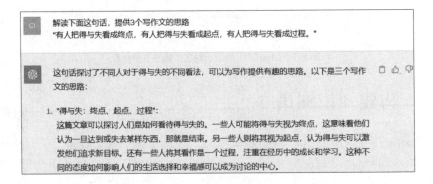

2. "得与失在不同文化中的比较"：
这篇文章可以探讨不同文化如何看待得与失。一些文化可能更倾向于将得与失视为终点，而另一些文化则可能更强调得与失作为起点或过程的重要性。通过比较不同文化的态度，可以深入探讨文化对于个体心态和行为的影响。

3. "如何应对得与失：情绪智商的角度"：
这篇文章可以探讨如何在个人生活中有效地应对得与失。可以引入情绪智商（EQ）的概念，讨论如何通过情感管理和适应性思维来处理得与失。通过分析不同人的策略，可以提供实际的建议和技巧，帮助人们更健康地应对得与失，无论他们将其看作终点、起点还是过程。

图 9-9　ChatGPT 提供写作文的思路

123　对文章进行修改

ChatGPT 可以充当写文章的助手，当用户写完一篇文章或一段文字时，可以利用 ChatGPT 进行修改、润色。例如，在 ChatGPT 的输入框中输入"请帮我将文章修改得更有画面感和诗意（另起一行）××××"，按【Enter】键确认，ChatGPT 即会按照要求修改文章，如图 9-10 所示。

扫码看教学视频

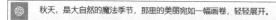

秋天，是大自然的魔法季节，那里的美丽宛如一幅画卷，轻轻展开。

秋天的美首先绽放在色彩的魔法中。叶子在大自然的魔法笔下，由翠绿渐变成金黄、橙红和深紫。五光十色的叶子，在微风拂动下，如彩蝶飞翔，引人陶醉。太阳透过叶片的空隙，将光芒洒向大地，仿佛天赐了大地一层金辉的锦绣。这是摄影师们梦寐以求的时刻，每一幅照片都成为如诗如画的杰作。

秋天的美还沐浴在清新的空气之中。经过酷热的夏季，秋天的凉风如天使的吻，轻轻拂过肌肤，空气中弥漫着泥土和树叶的清新香气。漫步在秋日的田野间，仿佛走进了大自然的画廊，能够聆听大自然的呼吸，感受与自然的融为一体。

秋天的美也浸润在大地的丰收中。田野里的麦穗金黄醉人，果实成熟丰满，都是勤劳农民辛勤劳动的结晶。这是感恩的季节，也是分享的季节。人们欢聚一堂，庆祝丰收节，感恩大地的馈赠，互相分享快乐。

总之，秋天的美是如此多彩斑斓，不仅有色彩的绚烂，还有清新的空气和丰收的季节。秋天是大自然送给我们的宝贵礼物，也是大自然最美的魔法。让我们在这个美丽的季节里，感受大自然的温暖，珍惜这份无价的美好。

图 9-10　ChatGPT 按照要求修改文章

124　续写文章内容

用户在写文章的过程中，如果遇到灵感枯竭的情况，可以向 ChatGPT 寻求帮助，像续写故事情节、安排人物命运走向等任务都可以让 ChatGPT 协助完成。

扫码看教学视频

例如，在 ChatGPT 的输入框中输入"请续写以下文章内容，不超过 400 字（另起一行）××××"，按【Enter】键确认，ChatGPT 会按照要求续写文章内容，如图 9-11 所示。

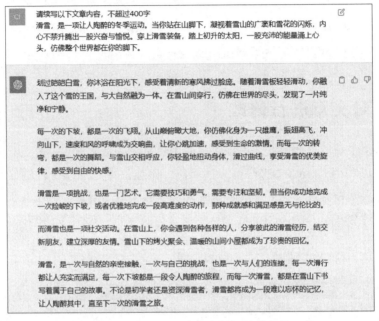

图 9-11　ChatGPT 按照要求续写文章内容

125　进行学习规划

扫码看教学视频

当用户面临不太熟悉的知识体系时，可以向 ChatGPT 寻求学习方法、时间规划等方面的帮助，让 ChatGPT 成为用户的有效学习工具。

例如，在 ChatGPT 的输入框中输入"请根据数字出版学硕士学位这个专业的知识体系，为大三学生制定出每日的学习规划方案，要求时间安排集中在下午或者晚上，要有可行性"，按【Enter】键确认，ChatGPT 会给出可行的学习方案，部分内容如图 9-12 所示。

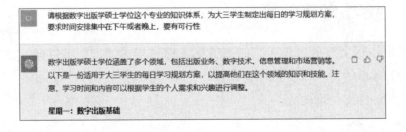

- 下午（2小时）：
  - 阅读数字出版的基本概念和历史
  - 掌握数字出版的主要优势和挑战
- 晚上（2小时）：
  - 学习数字出版的技术基础，如电子书制作和排版
  - 探讨数字出版的未来趋势和发展方向

星期二：数字出版工具和技术

- 下午（2小时）：
  - 了解数字出版工具，如Adobe InDesign等
  - 实践使用数字出版软件进行简单的排版和编辑任务
- 晚上（2小时）：
  - 学习数字出版中的图片处理技巧
  - 探讨数字出版中的多媒体元素，如音频和视频的整合

图 9-12 ChatGPT 给出的学习方案（部分内容）

126 解答数学应用题

扫码看教学视频

在数学领域中，常见的、难解的题型是应用题，当用户被数学应用题困扰时，可以运用 ChatGPT 轻松地进行解答。例如，在 ChatGPT 的输入框中输入"用一元一次方程来解答以下数学题：（另起一行）××××"，按【Enter】键发送，ChatGPT 即可给出相应的解答过程和最后结果，如图 9-13 所示。

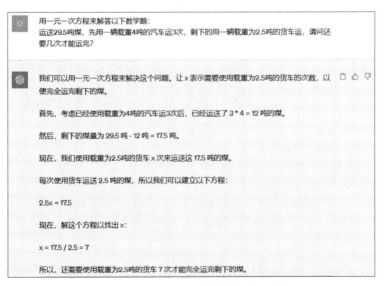

用一元一次方程来解答以下数学题：
运送29.5吨煤，先用一辆载重4吨的汽车运3次，剩下的用一辆载重为2.5吨的货车运，请问还要几次才能运完？

我们可以用一元一次方程来解决这个问题。让 x 表示需要使用载重为2.5吨的货车的次数，以便完全运完剩下的煤。

首先，考虑已经使用载重为4吨的汽车运3次后，已经送了 3 * 4 = 12 吨的煤。

然后，剩下的煤量为 29.5 吨 - 12 吨 = 17.5 吨。

现在，我们使用载重为2.5吨的货车 x 次来运送这 17.5 吨的煤。

每次使用货车运送 2.5 吨的煤，所以我们可以建立以下方程：

2.5x = 17.5

现在，解这个方程以找出 x：

x = 17.5 / 2.5 = 7

所以，还需要使用载重为2.5吨的货车 7 次才能完全运完剩下的煤。

图 9-13 ChatGPT 解答数学应用题示例

127　翻译信件内容

扫码看教学视频

ChatGPT 具备外语翻译功能，能够支持多门语言之间的互译。外语翻译对于不同母语之间的人的交往具有重要的意义，能够使不同国家的人们互通往来，也能够促成不同国家之间的交流与合作。

例如，在 ChatGPT 的输入框中输入"请将以下外国笔友的信翻译为中文（另起一行）××××"，按【Enter】键发送，ChatGPT 会按照要求翻译信件，如图 9-14 所示。

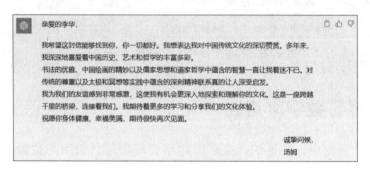

图 9-14　ChatGPT 按照要求翻译信件

128　充当发音助手

扫码看教学视频

在学习外语的过程中，用户还可以运用 ChatGPT 充当发音助手，让 ChatGPT 提供某个外语词汇的音标，帮助用户准确地读外语词汇。

例如，在 ChatGPT 的输入框中输入"请你充当一个专业的外文发音助手，当我输入单词或句子时，向我提供英语音标。我的第一个单词是【Jubilation】（欢庆）"，按【Enter】键发送，ChatGPT 即可提供对应的音标，如图 9-15 所示。

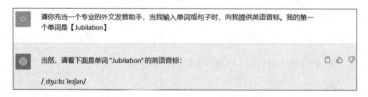

图 9-15　ChatGPT 提供对应的音标

129　生成教学大纲

扫码看教学视频

如果用户是一名教师，那么授课是他最主要的工作，而教学设计是授课的基础，因此教师的工作重心之一是进行教学设计。运用 ChatGPT，可以帮助用户设计出有针对性的教学内容，从而顺利地因材施教。

例如，在 ChatGPT 的输入框中输入"你是小学五年级的英语老师，请结合教学目标和以下课本信息，设计相应的教学大纲（另起一行）××××"，按【Enter】键确认，ChatGPT 即会生成相应的教学大纲，部分内容如图 9-16 所示。

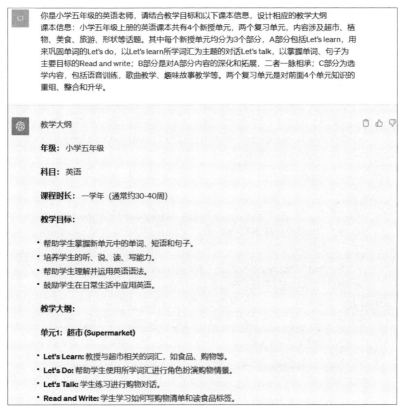

图 9-16　ChatGPT 生成的教学大纲（部分内容）

130　对文章提出优化建议

扫码看教学视频

ChatGPT 会对文章提出修改和优化的建议，用户可以让 ChatGPT 充当阅卷老师，对学生的作文内容提供优化建议。

例如，在 ChatGPT 的输入框中输入"请作为阅卷老师对以下作文进行批改，需要从段落结构、叙述方式等方面进行批改并给出可优化的建议（另起一行）××××"，按【Enter】键发送，ChatGPT 即可进行作文批改，如图 9-17 所示。

以下是对你的作文的批改和建议：

1. 段落结构：
你的作文包含了一个简单的引言、三个主体段落和一个结论，这是一合适的结构。但可以考虑让每个主体段落更加有机地流动到下一个段落，以提高整体连贯性。

2. 描述和细节：
你提到了猫咪的外表和行为，这是很好的开始，但可以更丰富地描述它们的特征和行为，以使读者更深入地了解你对猫咪的喜爱。

3. 叙述方式：
你的叙述方式是清晰的，但可以尝试更生动的词汇和比喻来增强表达的深度和情感。例如，可以用比如"猫咪的柔软毛皮如同丝绒，触感让人陶醉"来增加描述的感染力。

4. 连贯性：
在过渡句方面，你可以使用一些连接词和短语来更好地过渡段落，如"此外"、"而且"、"然而"等。这将有助于使你的作文更流畅。

5. 结论：
你的结论表达了对猫咪的喜爱，但可以更强调你的主题陈述，也就是为什么猫咪是你最喜欢的动物。这可以让你的作文更有深度。

以下是对一些段落的改进建议：

段落 2：
你可以增加一些具体的例子，描述你与猫咪互动的情景，例如猫咪的独特方式来表达它们的情感，或者它们如何在你需要安慰时陪伴你。

段落 3：
这一段可以更清晰地比较猫和狗的不同之处，以便突出你对猫咪的喜爱。描述一下为什么你觉得猫咪在夜晚的活跃性让你感到宁静和安心。

段落 4：

在这一段，你可以强调猫咪对你的生活的积极影响，可能提到它们如何教会了你责任感和爱心，或者它们如何带来快乐和满足感。

最后，仔细审查和编辑你的作文，确保语法、拼写和标点都是正确的。这将帮助你的作文更专业和有吸引力。

图 9-17　ChatGPT 进行作文批改

131　编写考试题目

扫码看教学视频

当用户作为教师时，常常需要自己拟一些测验题目或考试题目来考验学生，查看学生对课程知识点的掌握情况。在 ChatGPT 的帮助下，用户可以快速获得相应的课程测验题目。

例如，在 ChatGPT 的输入框中输入"请作为一位高中历史老师，根据'盛唐的形成'这一知识点拟写 5 个考题"，按【Enter】键发送，即可让 ChatGPT 出题，如图 9-18 所示。

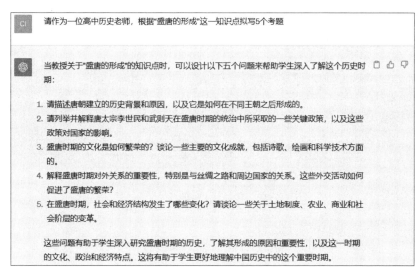

图 9-18　让 ChatGPT 出题

132　解答专业问题

ChatGPT 拥有庞大的数据库，可以容纳不同学科、专业知识、基本常识的文本内容，用户可以将 ChatGPT 当作百科全书来解答遇到的问题。例如，在 ChatGPT 的输入框中输入"你是一名高中物理老师，请告诉我加速度公式是什么"，按【Enter】键发送，ChatGPT 即可给出相应公式并进行解释，如图 9-19 所示。

扫码看教学视频

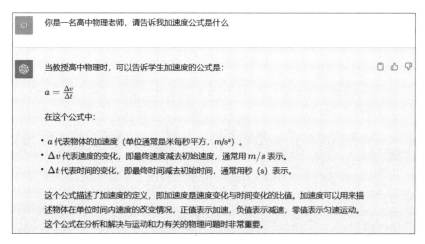

图 9-19　ChatGPT 给出加速度公式并进行解释

第 10 章

ChatGPT+ 程序开发：解锁更多编程创意

将 ChatGPT 用于互联网技术（Internet Technology，IT）行业，可以为用户提供编写程序代码、编写测试用例、改写代码、生成正则表达式和协助解决程序异常等帮助。本章将详细介绍将 ChatGPT 用于程序开发领域的操作方法。

133　编写程序代码

扫码看教学视频

当用户想要设计一款应用程序或开发一个网页时，可以向
ChatGPT 寻求代码帮助。ChatGPT 可以根据指令要求，生成相应的
代码，从而提高用户的工作效率。

例如，在 ChatGPT 的输入框中输入"你是一个资深的 Java（一种程序语言，
能够用作设计软件和创建网站）开发工程师，请生成一个找不同游戏，并给出
完整的代码"，按【Enter】键发送，ChatGPT 即可生成游戏代码，如图 10-1
所示。

图 10-1　ChatGPT 生成的游戏代码

134　编写测试用例

扫码看教学视频

测试用例（Test Case）是指对一项特定的软件产品进行测试任务
的描述，简单来说，其目的就是测试某一个开发出来的软件或功能
是否可行。运用 ChatGPT 可以帮助用户全面、高效地测试程序，防止出现漏测、
错测等问题。

例如，在 ChatGPT 的输入框中输入"你是一名测试工程师，请针对微博的
点赞功能，从性能、安全性、兼容性等方面设计测试用例"，按【Enter】键发送，
ChatGPT 即可生成满足需求的测试用例，如图 10-2 所示。

> CI　你是一名测试工程师，请针对微博的点赞功能，从性能、安全性、兼容性等方面设计测试用例

> 　针对微博的点赞功能，你可以设计一系列测试用例，覆盖性能、安全性和兼容性等方面的测试。以下是一些可能的测试用例示例：

性能测试用例：

1. **负载测试**：模拟多个用户同时点赞微博，观察系统的性能表现，确保它在高负载下仍然能够正常工作。
2. **响应时间**：测量点赞操作的响应时间，确保用户不会遇到明显的延迟。
3. **并发测试**：模拟多个用户并发点赞相同的微博，确保系统能够正确处理并发请求。
4. **长期使用测试**：模拟用户连续点赞大量微博，以确保系统在长时间使用情况下不会出现性能问题。
5. **移动设备性能测试**：测试点赞功能在不同移动设备上的性能，包括手机和平板电脑。

安全性测试用例：

1. **授权测试**：确保只有经过授权的用户才能点赞微博。
2. **跨站请求伪造（CSRF）攻击测试**：模拟攻击情况，检查系统是否正确地验证和拒绝恶意请求。
3. **SQL注入测试**：尝试在点赞功能中输入恶意SQL查询，确保系统不会受到SQL注入攻击。
4. **权限测试**：验证不同用户类型（例如，普通用户和管理员）在点赞操作上的权限，并确保权限被正确地执行。

兼容性测试用例：

1. **浏览器兼容性测试**：测试点赞功能在不同主流浏览器（如Chrome、Firefox、Safari、Edge等）上的兼容性。
2. **移动应用兼容性测试**：测试点赞功能在不同移动操作系统（如iOS和Android）上的兼容性。
3. **分辨率兼容性测试**：测试点赞功能在不同屏幕分辨率下的显示和交互是否正常。
4. **国际化测试**：检查点赞功能在不同语言和地区设置下的表现，确保文本和图标等元素正确翻译和呈现。

这些测试用例应该能够帮助你评估微博点赞功能的性能、安全性和兼容性，以确保它能够在各种条件下稳定运行。同时，你可以根据具体的需求和项目背景进一步细化和补充这些测试用例。

图 10-2　ChatGPT 生成满足需求的测试用例

135　进行代码改写

扫码看教学视频

　　用户可以向 ChatGPT 寻求改写代码的帮助，让 ChatGPT 将复杂的程式改写为简单的表达方式，或者检查代码是否正确，有错误的话进行改写。

　　例如，在 ChatGPT 的输入框中输入"你现在是一个 Python（一种高级、通用的编程语言）专家，我有以下程序代码，请用更干净简洁的方式改写，让我的

同事可以更容易地维护程序代码（另起一行）××××"，按【Enter】键发送，
ChatGPT 即可根据要求改写程序，如图 10-3 所示。

以下是改写后的代码，采用更干净和简洁的方式：

```python
import requests

def get_sunrise_sunset(city, date):
    # 使用Sunrise-Sunset API获取日出和日落时间
    url = "https://api.sunrise-sunset.org/json"
    params = {
        "q": city,
        "date": date,
        "formatted": 0
    }

    response = requests.get(url, params=params)

    if response.status_code == 200:
        data = response.json()["results"]
        return data.get("sunrise"), data.get("sunset")
    return None, None

if __name__ == "__main__":
    city = "New York"    # 你可以替换成你希望查询的城市
    date = "2023-10-25"  # 你可以替换成你希望查询的日期

    sunrise, sunset = get_sunrise_sunset(city, date)

    if sunrise and sunset:
        print(f"日出时间：{sunrise}")
        print(f"日落时间：{sunset}")
    else:
        print("无法获取日出和日落时间信息。")
```

这个改写版本使用了更简洁的变量名，删除了多余的注释，并使用字典的 `get` 方法来避免出现 `KeyError` 异常。这使得代码更易于维护和阅读。

图 10-3　ChatGPT 根据要求改写指令

136　生成正则表达式

扫码看教学视频

　　正则表达式（Regular Expression），在代码中常简写为 Regex、
Regexp 或 RE，也称作规则表达式，是计算机领域中用于排列或组合
特定字符的规则。

　　用户运用 ChatGPT 可以编写合规的正则表达式。例如，在 ChatGPT 的输入
框中输入"你现在是一个 Regex 专家，请帮我写一个 Regex，它能够实现查找
留言中的电话号码的功能"，按【Enter】键发送，ChatGPT 即可根据要求编写
Regex，如图 10-4 所示。

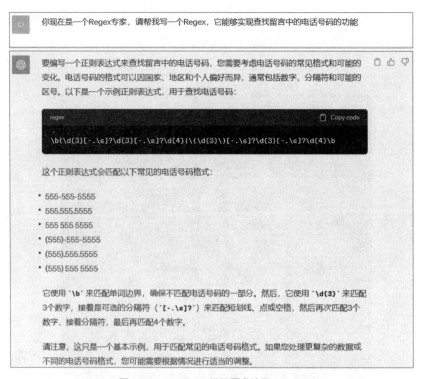

图 10-4　ChatGPT 根据要求编写 Regex

137　协助解决程序异常

用户运用 ChatGPT，可以帮忙解决各类程序异常问题，包括编程逻辑不严谨、变量未初始化、格式化参数出错等。例如，在 ChatGPT 的输入框中输入"你现在是一个计算机领域的专家，请帮我分析一下电脑总是蓝屏是由什么原因造成的，并给出有效的解决方案"，按【Enter】键发送，ChatGPT 即可给出回复，部分内容如图 10-5 所示。

扫码看教学视频

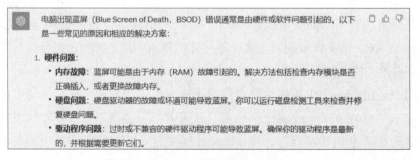

图 10-5　ChatGPT 给出的回复（部分内容）

第 11 章

ChatGPT+ 电商营销：提升销售策略

营销类文案是指用于产品推广、品牌宣传、企业营销等活动的文字内容，旨在用文字打动人心，促使受众产生购买行为的决策。在 ChatGPT 的帮助下，用户可以高效地完成营销类文案的写作。本章将介绍用 ChatGPT 生成营销类文案的操作方法。

138 生成报纸广告文案

扫码看教学视频

报纸是一种有效的传播手段，在报纸上刊登广告有助于产品的销售、品牌的推广。运用 ChatGPT，用户能够直接获得报纸广告文案，减少一定的宣传成本。

例如，在 ChatGPT 的输入框中输入"请根据报纸广告的特点，提供吹风机产品 Fei 的广告文案，200 字以内"，按【Enter】键确认，ChatGPT 即会生成报纸广告文案，如图 11-1 所示。

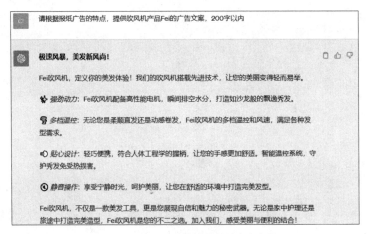

图 11-1　ChatGPT 生成的报纸广告文案

139 生成电视广告文案

扫码看教学视频

在媒体领域，电视是提供娱乐、传播信息的主要媒介之一，同时也可以起到助力产品推广的作用。在 ChatGPT 的帮助下，用户可以通过输入提示词获得满足需求的广告文案。

例如，在 ChatGPT 的输入框中输入"假设你是一位经验丰富的广告策划专员，请你提供 1 条关于微波炉的电视广告文案，要带有情境和生活画面，对受众有感染力，200 字以内"，按【Enter】键确认，ChatGPT 会给出相关产品的广告文案，如图 11-2 所示。

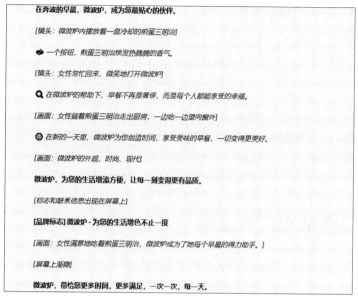

在奔波的早晨，微波炉，成为您最贴心的伙伴。

[镜头：微波炉内摆放着一盘冷却的煎蛋三明治]

🍳 一个按钮，煎蛋三明治焕发热腾腾的香气。

[镜头：女性匆忙回来，微笑地打开微波炉]

🍳 在微波炉的帮助下，早餐不再是奢侈，而是每个人都能享受的幸福。

[画面：女性端着煎蛋三明治走出厨房，一边吃一边望向窗外]

⚙️ 在新的一天里，微波炉为您创造时间，享受美味的早餐，一切变得更美好。

[画面：微波炉的外观，时尚、现代]

微波炉，为您的生活增添方便，让每一刻变得更有品质。

[标志和联系信息出现在屏幕上]

[品牌标志]微波炉 - 为您的生活增色不止一度

[画面：女性满意地看着吃煎蛋三明治，微波炉成为了她每个早晨的得力助手。]

[屏幕上渐隐]

微波炉，带给您更多时间，更多满足，一次一次，每一天。

图 11-2　ChatGPT 策划出关于微波炉的电视广告文案

140　生成网络广告文案

扫码看教学视频

网络广告文案是指以互联网为媒介进行广告信息传播的文字内容，它主要以各种媒体平台为传播媒介，具有传播范围广、速度快的特点，用户可以让 ChatGPT 结合平台特性和网络热词来生成广告文案。

例如，在 ChatGPT 的输入框中输入"请根据抖音平台文案的特点，生成一条关于保温杯的网络广告文案，要求幽默风趣，不超过 50 字"，按【Enter】键确认，ChatGPT 即会生成带有平台特性的网络广告文案，如图 11-3 所示。

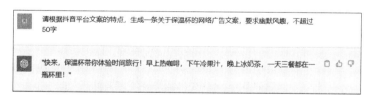

请根据抖音平台文案的特点，生成一条关于保温杯的网络广告文案，要求幽默风趣，不超过 50字

"快来，保温杯带你体验时间旅行！早上热咖啡，下午冷果汁，晚上冰奶茶，一天三餐都在一瓶杯里！"

图 11-3　ChatGPT 生成的网络广告文案

141　生成户外广告文案

扫码看教学视频

户外广告文案是指用于在室外宣传产品、推广品牌或呼吁行动的文字内容，它通常以固定广告牌的形式呈现。用户运用 ChatGPT

可以获得户外广告文案的参考。例如，在 ChatGPT 的输入框中输入"请根据户外固定广告牌上的文案特点，提供一条关于枕头产品的文案，要求融入创意"，按【Enter】键确认，ChatGPT 即会生成户外广告文案，如图 11-4 所示。

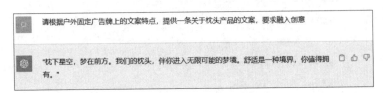

图 11-4　ChatGPT 生成的户外广告文案

142　生成杂志广告文案

扫码看教学视频

　　杂志广告文案是以杂志为传播媒介而编写的文字内容。杂志广告文案的功能与其他广告文案的功能相差无几，在编写时只需注意结合杂志的受众特征即可。由于观看杂志的目标受众通常有较高的文化水平，因此在编写广告文案时尽量使用比较独特、有审美价值和欣赏价值的语言。

　　例如，在 ChatGPT 的输入框中输入"请根据护肤杂志的广告文案特点，提供防晒霜产品推广的广告文案，要求：语言风趣、风格独特，150 字以内"，按【Enter】键确认，ChatGPT 即会生成杂志广告文案，如图 11-5 所示。

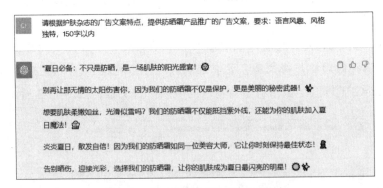

图 11-5　ChatGPT 生成的杂志广告文案

143　生成广播广告文案

扫码看教学视频

　　广播广告文案是指通过广播媒体来传播的广告词，属于主播口播的台词内容之一。广播广告文案需要结合广播内容本身的特性来撰写，如主要以情感类话题为内容的广播，其广告文案的用语会更亲切，带给人治愈、温暖的感觉，因此用户在运用 ChatGPT 生成广播广告文案时需要注意这一点。

例如，在 ChatGPT 的输入框中输入"请模仿以下广告文案的写法，提供一条键盘产品的广播广告文案（另起一行）好车'惠'等你，真'行'胜言语"，按【Enter】键发送，ChatGPT 会根据实例生成广播广告文案，如图 11-6 所示。

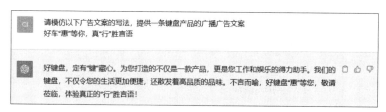

图 11-6　ChatGPT 根据实例生成的广播广告文案

144　生成产品推广文案

扫码看教学视频

产品推广文案通常是指用于概括产品亮点、展示产品优势的文本，旨在通过文字打动消费者，提高产品的购买力。在 ChatGPT 的帮助下，用户可以迅速获得推广文案，从而提高产品的影响力和销售量。

例如，在 ChatGPT 的输入框中输入"一款手机的卖点是折叠屏幕、续航时间长、内存大，请根据这些卖点生成一条手机的产品推广文案，要求：语言简洁，适当地运用修辞手法"，按【Enter】键确认，ChatGPT 即会生成产品推广文案，如图 11-7 所示。

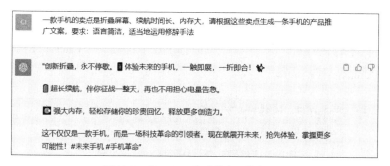

图 11-7　ChatGPT 生成的产品推广文案

145　生成电商主图文案

扫码看教学视频

在电商领域中，主图文案能够用于凸显产品的亮点和优势，从而激发消费者的购买欲望。撰写主图文案需要分析产品的特点、受众的需求、市场趋势等多方面的因素，同时还需要一定的网感和文字功底。此时，用户巧用 ChatGPT，便可以借助 AI 的力量快速获得电商主图文案。

例如，在 ChatGPT 的输入框中输入"请根据年轻人对抱枕的需求，生成一个纯棉抱枕的电商主图文案，要求语言精简、突出产品亮点"，按【Enter】键确认，ChatGPT 会生成电商主图文案，如图 11-8 所示。

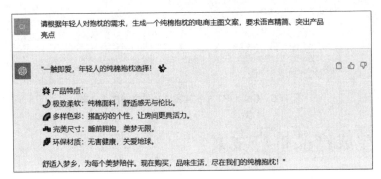

图 11-8　ChatGPT 生成的电商主图文案

146　生成详情页文案

扫码看教学视频

详情页文案是电商领域用于描述产品详细特征的文字内容，包括产品的具体功能、设计特点、规格包装、使用说明和注意事项等元素，能够以文字的形式全面地介绍产品。借助 ChatGPT 的力量，用户可以快速获得特定产品的详情页文案内容，从而节省人力成本。

例如，在 ChatGPT 的输入框中输入"请根据以下信息，撰写陶瓷水杯的详情页文案（另起一行）××××"，按【Enter】键确认，ChatGPT 即会生成详情页文案，如图 11-9 所示。

请根据以下信息，撰写陶瓷水杯的详情页文案
产品信息：抱抱熊水杯，陶瓷材质，有白色、黑色、棕色和紫色4种颜色
产品特点：造型可爱，高温烤花工艺，不掉色，容量大
目标受众：不限
包装内容：防破损泡沫盒、精品礼品袋、水杯和不锈钢勺
保证与支持：运输破损免费补寄，代写贺卡

🐻 亲近自然，拥抱温馨时光 🌿

🏮 产品名称：抱抱熊陶瓷水杯

🎨 多彩选择：拥有白色、黑色、棕色和紫色，每一种都是温暖的选择。

✿ 产品特点：
🧸 可爱造型：一只迷人的小熊，为你的一天增添乐趣。

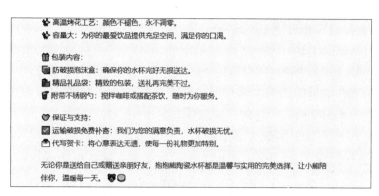

图 11-9　ChatGPT 生成的详情页文案

147　生成商品海报文案

扫码看教学视频

商品海报文案是指放置于海报上的产品宣传文字，它具有语言简练、清晰明了、醒目的特点，能够引导消费者购买产品。在 ChatGPT 的帮助下，用户可以获得创作商品海报文案的灵感和参考。

例如，在 ChatGPT 的输入框中输入"请结合海报文案的特征，从故事叙述的角度出发，提供一条香氛洗衣液产品的海报文案"，按【Enter】键确认，ChatGPT 即会生成商品海报文案，如图 11-10 所示。

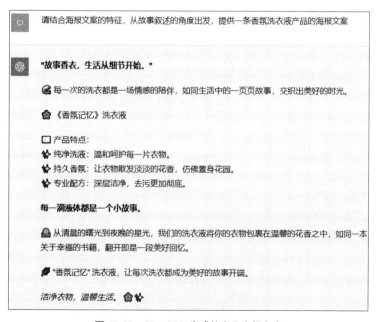

图 11-10　ChatGPT 生成的商品海报文案

148　生成产品测评文案

扫码看教学视频

　　产品测评文案是侧面宣传产品的有效途径，一般包含专业、客观的产品信息，能够给消费者购买产品提供参考。借助 AI 的力量，用户可以获得比较全面、中肯的产品测评文案。

　　例如，在 ChatGPT 的输入框中输入"请根据测评口红的维度，结合以下产品信息和用户体验生成一篇客观的产品测评文案，不超过 300 字（另起一行）××××"，按【Enter】键确认，ChatGPT 即会结合相关信息生成产品的测评文案，如图 11-11 所示。

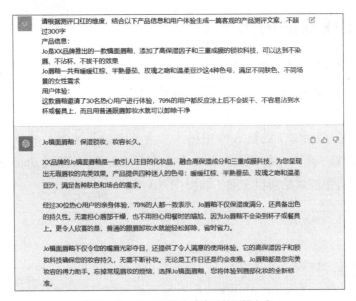

图 11-11　ChatGPT 生成产品的测评文案

149　生成活动策划文案

扫码看教学视频

　　活动策划文案是一种用于活动宣传的手段，能够提升活动的吸引力和推动活动的顺利开展。在 ChatGPT 的帮助下，用户可以写出更加有创造力、针对性的活动策划文案。

　　例如，在 ChatGPT 的输入框中输入"你是一位活动策划总监，请根据以下信息撰写一份活动宣传文案，要求：符合抖音平台的文案特性，不超过 300 字（另起一行）××××"，按【Enter】键确认，ChatGPT 即会根据信息生成活动宣传文案，如图 11-12 所示。

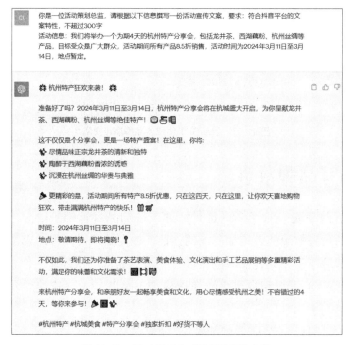

图 11-12　ChatGPT 生成的活动宣传文案

150　生成品牌宣传文案

品牌宣传文案包含品牌文化、品牌优势和产品特征等内容，是品牌营销的有力工具，有助于提升品牌的影响力和知名度。一篇出色的品牌宣传文案可以深入人心，吸引目标受众，借助 ChatGPT 的力量，用户可以快速撰写出优质的品牌宣传文案。

扫码看教学视频

例如，在 ChatGPT 的输入框中输入"Mc 是一个创立不久的银饰品牌，致力于用银饰为人们留下独特、珍贵的记忆。请根据品牌定位和目标受众，为 Mc 品牌撰写一篇有创意的宣传文案，不超过 200 字"，按【Enter】键确认，ChatGPT 即会生成品牌宣传文案，如图 11-13 所示。

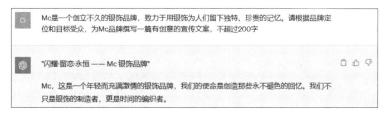

图 11-13

在Mc，我们深知每一件银饰的背后都有一段特殊的故事。它们是独一无二的，就如您的回忆。我们的银饰不仅仅是一件珠宝，它是您的笑声、您的爱意、您的重要时刻，一切都凝结在那微小的空间里。

无论您是追求时尚的年轻人，还是珍视传统的长者，Mc银饰都能为您带来永恒的光芒。因为我们深信，珠宝是时间的见证者，也是回忆的镜像。

让我们一起，用Mc银饰，留下永不磨灭的记忆。这是您的生活，这是我们的承诺。

图 11-13　ChatGPT 生成的品牌宣传文案

151　编写品牌故事

扫码看教学视频

编写品牌故事是一种与受众进行情感连接的品牌营销手段。一个引人入胜的品牌故事能够增加受众的信任，提高受众对品牌的忠实度。编写品牌故事需要结合品牌的特性和受众的需求，这并非一件容易的事，但在 ChatGPT 的帮助下，用户可以快速地梳理出品牌信息，连接受众需求，并用合适的文字进行表达。

例如，在 ChatGPT 的输入框中输入"KV 品牌的业务是小众珠宝设计，意图用小众珠宝来传达独一无二的理念，鼓励每个人都勇敢地追求个性。请根据品牌的特性和目标受众编写一个故事，要求：有完整的故事线，能够吸引目标受众，不超过 200 字"，按【Enter】键确认，ChatGPT 即会生成一个品牌故事，如图 11-14 所示。

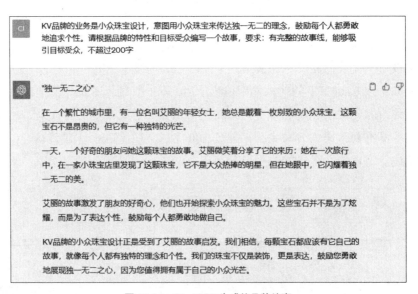

图 11-14　ChatGPT 生成的品牌故事

152　生成社交媒体文案

扫码看教学视频

社交媒体类文案是指在各类社交媒体上发布的关于产品推广的文字内容。这类文案通常运用简洁的文字、有吸引力的语言来吸引受众的关注，促使他们购买产品。有些社交媒体类文案中也会加入吸引受众点击的链接或参与互动的元素，最大限度地让受众产生购买兴趣。社交媒体类文案的应用场景很广，包括微信、QQ、微博、抖音、快手、西瓜视频等自媒体平台。

例如，在 ChatGPT 的输入框中输入"请根据小红书的文案特点，提供 3 条推广洗衣凝珠的社交媒体类文案"，按【Enter】键确认，ChatGPT 即会生成社交媒体类文案，如图 11-15 所示。

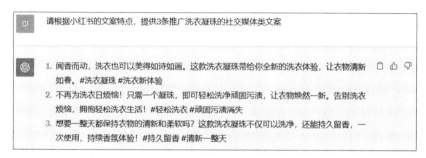

图 11-15　ChatGPT 生成的社交媒体类文案

153　生成用户评价文案

扫码看教学视频

用户评价文案是基于用户的反馈和体验，证明产品质量和价值的文字说明。这类文案从相对客观的角度来描述产品的卖点，能够提高受众对产品质量和价值的可信度，从而激发受众的购买需求。

在电商领域，由于产品的不可触摸性，使得用户评价文案是受众做出购买产品决策的重要依据，因此商家对用户评价文案会格外重视。用户运用 ChatGPT 可以生成作为消费者编写用户评价文案的参考，也可以生成作为商家对用户评价文案的回复。

例如，在 ChatGPT 的输入框中输入"你是一位买家，在一家线上店铺买到了一件质量好、剪裁优良、防水性能好的风衣，打算给卖家一个好评，请生成好评文案，要求：用分享的语气，不超过 50 字"，按【Enter】键确认，ChatGPT 即会生成相应的用户评价文案，如图 11-16 所示。

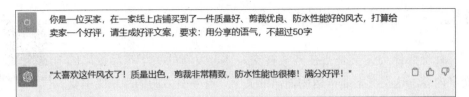

你是一位买家，在一家线上店铺买到了一件质量好、剪裁优良、防水性能好的风衣，打算给卖家一个好评，请生成好评文案，要求：用分享的语气，不超过50字

"太喜欢这件风衣了！质量出色，剪裁非常精致，防水性能也很棒！满分好评！"

图 11-16　ChatGPT 生成的用户评价文案

154　协助客服服务

扫码看教学视频

在电商平台中，客服发挥着不可替代的作用，能够及时为消费者解答疑惑和处理售后问题。但在实际的工作场景中，由于消费者的个体差异性，客服人员可能会遇到各式各样的问题，难以应对和解决。此时，不妨让 ChatGPT 协助客服服务，ChatGPT 作为文本生成式 AI 模型，能够为客服人员提供更多的问答解决方案。

例如，在 ChatGPT 的输入框中输入"请你充当淘宝平台的客服人员，针对我给出的问题进行回复。在回复时，你需要根据我的问题描述、情绪和诉求，给出安抚和解决方案，并且语气要亲切，不需要过多解释（另起一行）我的问题是：我冰箱的冷冻室怎么结了好多冰，怎么去掉这些冰"，按【Enter】键确认，ChatGPT 即会生成客服回复的内容，如图 11-17 所示。

请你充当淘宝平台的客服人员，针对我给出的问题进行回复。在回复时，你需要根据我的问题描述、情绪和诉求，给出安抚和解决方案，并且语气要亲切，不需要过多解释
我的问题是：我冰箱的冷冻室怎么结了好多冰，怎么去掉这些冰

亲爱的用户，非常抱歉听到您的问题。不要担心，我可以帮助您解决这个问题。冰箱冷冻室结冰可能是正常的现象。为了去掉这些冰，您可以尝试以下方法：

1. 首先，将冷冻室里的食物转移到其他地方，以防止食物受损。
2. 关掉冷冻室，将其门打开，让冰自然融化。您可以在底部放置一些毛巾或容器来收集融化的水。
3. 清理冷冻室内部，确保没有残留的冰块或水滴。
4. 重新开启冷冻室，将食物重新放回。

这些步骤应该有助于解决结冰问题。如果问题仍然存在或您需要进一步的帮助，请随时告诉我。祝您愉快的使用冰箱！

图 11-17　ChatGPT 协助客服回复问题

第 12 章

ChatGPT+ 生活服务：成为贴心助手

在日常生活中，ChatGPT 能够充当助手，为用户的衣、食、住、行、人际交往等方面保驾护航，为用户生活增添乐趣，提高生活的幸福指数。例如，ChatGPT 可以为用户制订旅游计划，助力用户愉快地出行。

155 生成旅游计划

从古至今，旅游都是一种很好的帮助人修身养性、建立自我意识的方式。在旅游出发之前，少不了要对目的地进行合理的规划，如选择哪条线路、采用哪种交通工具、打卡哪些景点等，对这些信息进行有效的梳理与掌握，能够让用户不虚此行。在 ChatGPT 的帮助下，用户能够轻松地制订旅游计划。

例如，在 ChatGPT 的输入框中输入"我计划下周去苏州游玩一天，游览一些标志性建筑，请结合不同景点的特色打卡点，帮我安排一下行程"，按【Enter】键确认，ChatGPT 即会生成旅游计划，如图 12-1 所示。

下周去苏州游玩一天是个很棒的计划！苏州是一座美丽的古城，拥有许多标志性建筑和风景名胜。以下是一份适合一天游览苏州的行程建议：

早晨：

1. **拙政园**：开始你的一天之旅。这是一座典型的苏式园林，有美丽的湖泊、精致的建筑和优雅的景观。可以在这里漫步，欣赏传统的中国园林风光。拙政园的"浣花斋"是一个著名的打卡点。
2. **狮子林**：接着前往狮子林，这是另一个著名的苏州园林，以其独特的石质迷宫和雄伟的狮子山而闻名。在这里，你可以参观各种石刻和走廊，同时欣赏到湖景。一定要到"九曲桥"和"毗卢"拍照留念。

午餐：
在附近的老城区或步行街上找一家传统的苏州餐馆，品尝当地美食，如苏式小吃或美味的面点。

下午：

3. **虎丘**：虎丘是苏州的另一个经典景点，以其古老的寺庙和斑斓的秋千桥而著名。你可以爬上虎丘的山坡，欣赏苏州的美丽全景。别忘了在"云雾山庄"附近的观景台拍摄照片。

4. **观前街**：下午晚些时候，前往观前街，这是苏州最具历史和文化氛围的地方之一。这里有许多古老的街巷、建筑和商店，可以购物和品味当地小吃。

傍晚：

5. **平江路**：在傍晚时分，前往平江路，这是苏州最具风情的小巷之一。你可以在这里漫步，欣赏传统的苏式建筑和水巷风光。平江路的夜景非常迷人，也是拍照的好地方。

晚餐：
在平江路或附近的餐厅品尝苏式菜肴，享受美食和宁静的夜晚。

这个行程可以帮助你在一天内尽量多地欣赏苏州的文化和风景名胜。不过，请注意，在景点之间的距离可能会有一些交通时间，所以尽量早出发，以充分利用你的一天。祝你在苏州度过愉快的时光！

图 12-1 ChatGPT 生成的旅游计划

156 生成景点推荐

扫码看教学视频

当用户准备前往某个国家或某个城市，想要游玩一番的时候，可以事先询问 ChatGPT 有关该地的特色景点，ChatGPT 会给出景点推荐。例如，在 ChatGPT 的输入框中输入"你是一名导游，请根据我的需求为我推荐沈阳的景点（另起一行）××××"，按【Enter】键确认，ChatGPT 即会生成景点推荐，如图 12-2 所示。

 你是一名导游，请根据我的需求为我推荐沈阳的景点
我的需求：我有1天的游玩时间，预算在1000元以内，想欣赏沈阳冬季的风景

对于一天的短暂游玩时间和较小的预算，我建议您在沈阳欣赏冬季风景的同时，尽可能多地体验一些特色景点。以下是为您推荐的沈阳一日游行程：

早上：

1. 沈阳故宫（皇宫）：您可以开始一天的游玩，探访这座古老的宫殿，欣赏其冬季景色。早上参观时，人流较少，您可以更好地领略这个历史建筑的壮丽之处。
2. 南塔公园：从皇宫步行前往南塔公园，这里有一座古老的佛塔和美丽的园林，提供了宁静的环境，适合漫步和拍照。

午餐：

3. 沈阳的小吃：尝试一些地道的东北小吃，如烤肉串、锅包肉和冰糖葫芦。您可以在当地餐馆或市场品尝这些美食，花费大约50元。

下午：

4. 中国冰雪大世界：前往这个壮观的冰雪景点，您可以欣赏到冰雪雕塑和艺术作品。这里在冬季提供了独特的冰雪体验，门票价格可能在100元左右。

5. 沈阳冰灯艺术节（如果时间允许）：如果您的游玩日期与冰灯艺术节相符，不要错过在沈阳冰雪大世界附近欣赏精美的冰灯展览。

傍晚：

6. 沈阳站前广场：在傍晚时分，前往这个广场，您可以欣赏到美丽的城市夜景。这里也有一些小吃摊位，您可以尝试一些当地特色小吃。

预算建议：

• 门票费用、交通费用和餐饮费用可能会略有不同，但您应该可以在1000元的预算内度过愉快的一天。

这个行程将让您在有限时间内欣赏到沈阳冬季的风景，并品味一些当地的美食。希望您在沈阳的短暂游玩中度过愉快的时光！

图 12-2 ChatGPT 生成的景点推荐

157 生成美食推荐

扫码看教学视频

用户在出门游玩，前往某个旅游景点打卡时，品尝当地的美食自然也是少不了的。在 ChatGPT 的算法下，用户可以获得经大数据筛选后、值得品尝和打卡的美食推荐，让用户在他乡也能品尝到美味。

例如，在 ChatGPT 的输入框中输入"假设你是顺德的当地居民，请给我推荐 5 种有特色的顺德美食"，按【Enter】键确认，ChatGPT 即会生成美食推荐，如图 12-3 所示。

图 12-3 ChatGPT 生成美食推荐示例

158 进行食物推荐

扫码看教学视频

吃被视为人生大事之一，而且生活品质的好坏往往也体现在吃上，因此饮食是人们在生活中格外重视的。在 ChatGPT 的帮助下，用户可以获得健康的食物推荐和饮食计划。

例如，在 ChatGPT 的输入框中输入"假设你是一名营养师，请推荐 4 种适合上班族的减脂主食，要求：简单方便、营养均衡、美味可口"，按【Enter】键确认，ChatGPT 即会推荐合适的主食，如图 12-4 所示。

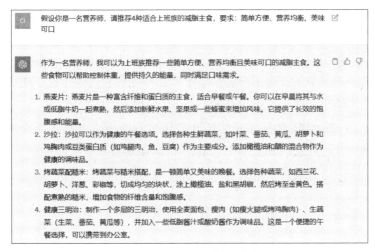

图 12-4　ChatGPT 推荐的主食

159　协助兴趣培养

扫码看教学视频

　　兴趣是每个人生活乐趣的来源之一，好的兴趣可以丰富用户的生活，给用户的生活带来希望，甚至发展成自我价值的实现途径，为社会发展贡献自己的力量。ChatGPT 可以帮助用户找到自己的兴趣，并培养自己的兴趣爱好。

　　例如，在 ChatGPT 的输入框中输入"请你从社会学家的角度，结合提高生活幸福指数的目标，为我推荐 3 种兴趣爱好（另起一行）我的要求是：××××"，按【Enter】键确认，ChatGPT 即会根据要求进行兴趣爱好的推荐，如图 12-5 所示。

图 12-5　ChatGPT 根据要求推荐的兴趣爱好

160　提供配置和选购建议

在电子产品层出不穷和人人都需要电子产品的背景下，ChatGPT 可以充当电子产品专家，为用户提供电子产品的配置和选购建议，让用户真正选到满足需求、性价比高的产品。

例如，在 ChatGPT 的输入框中输入"请你作为一名电子产品专家，根据我的要求提供照片打印机的配置参考（另起一行）我的要求：××××"，按【Enter】键确认，ChatGPT 即会提供配置参考，如图 12-6 所示。

> **请你作为一名电子产品专家，根据我的要求提供照片打印机的配置参考**
> **我的要求：可以打印彩色照片、小巧便携**
>
> 根据你的要求，寻找一款适合打印彩色照片且小巧便携的照片打印机是一个不错的选择。以下是一些配置参考，以帮助你选择合适的照片打印机：
>
> 1. **打印技术**：选择使用喷墨打印技术的照片打印机。这种技术通常能够提供高质量的彩色照片打印。
> 2. **分辨率**：确保照片打印机具有足够高的分辨率，通常在1200 x 1200 dpi以上，以获得清晰而细致的图像。
> 3. **尺寸和便携性**：选择小巧轻便的照片打印机，以便携带和使用。一些便携式照片打印机可以放入口袋或包中。
> 4. **连接选项**：确保照片打印机支持多种连接选项，如Wi-Fi、蓝牙和USB。这样你可以从各种设备上发送照片进行打印。
> 5. **印刷速度**：考虑打印速度，特别是如果你需要大批量打印照片。选择一个能够快速完成打印任务的照片打印机。
> 6. **兼容性**：确保照片打印机与你的设备兼容，包括智能手机、平板电脑和电脑。它可能需要支持多个操作系统，如iOS和Android。
> 7. **纸张类型**：检查照片打印机支持的纸张类型和尺寸。一些照片打印机使用专用照片纸，而其他则支持不同尺寸和类型的纸张。
> 8. **电池寿命**：如果你需要在户外或旅行中使用照片打印机，考虑电池寿命和电池续航时间。
> 9. **APP支持**：一些照片打印机配备了专用的移动应用程序，提供更多的打印和编辑选项。
> 10. **品牌和用户评价**：查看不同品牌和型号的照片打印机的评价，以确保选择一款性能可靠、用户体验良好的产品。
>
> 一些知名的照片打印机制造商包括HP、Canon、Epson、Fujifilm和Polaroid。最终的选择取决于你的具体需求和预算，但以上的配置参考应该有助于你找到一款适合的小巧便携照片打印机，以满足你的彩色照片打印需求。

图 12-6　ChatGPT 提供的配置建议

★ 专家提醒 ★

DPI（dpi）是 Dots Per Inch 的缩写，指每英寸内的点数。Wi-Fi 是 Wireless Local Area Network 的缩写，即无线局域网，是一种用于在设备之间无线传输数据的技术。USB 是 Universal Serial Bus 的缩写，即通用串行总线，是一种常见的计算机硬件连接标准。iOS 的英文全称为 iOS Operating System，中文意思为苹果移动设备的操作系统。Android 的英文全称为 Android Operating System，是一种由 Google 开发和维护的移动操作系统。

161　提供穿搭灵感

扫码看教学视频

"人靠衣装"这句俗语广为流传不无道理，好看的穿搭对一个人的气质、气场、外在形象等方面能够产生好的影响，比如法律职业人员穿搭职业正装，会给人留下专业的印象。在 ChatGPT 的帮助下，用户可以获得客观、可靠的穿搭灵感。

例如，在 ChatGPT 的输入框中输入"请你作为一名时尚顾问，为职场女性推荐两套适合晚会庆典的衣着搭配"，按【Enter】键确认，ChatGPT 即会提供穿搭灵感，如图 12-7 所示。

> CI　请你作为一名时尚顾问，为职场女性推荐两套适合晚会庆典的衣着搭配
>
> 当为职场女性推荐适合晚会庆典的衣着搭配时，重要的是要保持专业和优雅，同时也展现出一些时尚感。以下是两套适合不同场合的搭配建议：
>
> 1. 晚宴或公司庆典：
>   这种场合需要更正式和庄重的着装，以表现出职业女性的自信和权威。考虑以下搭配：
>   - 手表：一款精致的手表，增添优雅感。
>   - 连衣裙：选择经典的修身剪裁连衣裙，最好是单色或深色，长度可至膝盖或略长。
>   - 高跟鞋：经典的黑色或中性色高跟鞋，以增加身材比例。
>   - 配饰：简约的珠宝，如小耳环和项链。
>   - 包包：优雅的手拿包或单肩包。
>   - 化妆：自然妆容，突出重点部位如眼睛或嘴唇。
> 2. 非正式的庆典活动：
>   如果是更轻松的庆典，可以选择更时尚和个性化的搭配：
>   - 上装：一款精美的丝质或蕾丝上装，或者一款修身剪裁的西装外套。
>   - 裙子或裤子：配以一条时尚的半身裙或裤子，也可以选择印花或亮色款式。
>   - 高跟鞋：时尚的坡跟鞋或短靴。
>   - 配饰：大胆的项链、耳环或手镯，以增添亮点。
>   - 包包：小巧的手拿包或链条包。
>   - 化妆：可以尝试更艳丽的妆容，突出眼影或唇彩。
>
> 无论选择哪种搭配，都要确保衣着舒适、自信，并与活动的性质相符。另外，不要忘记自己的个人风格和体型，以便在展现自己的同时感到舒适和自信。

图 12-7　ChatGPT 提供的穿搭灵感

162　制订健身计划

扫码看教学视频

用户在追求健康生活方式的过程中，可以让 ChatGPT 充当健身教练，根据自己的情况制订科学、严谨的健身计划。例如，在 ChatGPT 的输入框中输入"请作为一名健身教练，为女大学生推荐一个中国传统

健身项目，并制订长期的锻炼计划，锻炼的时间为每周二和周四”，按【Enter】键确认，ChatGPT 即会制订健身计划，如图 12-8 所示。

CI 请作为一名健身教练，为女大学生推荐一个中国传统健身项目，并制订长期的锻炼计划，锻炼的时间为每周二和周四

为女大学生推荐一个中国传统健身项目，可以考虑散打（San Shou）。散打是一种传统的中国武术形式，它结合了拳击、踢拳和摔技，以提高身体的耐力、力量和自卫能力。每周两次的锻炼计划将有助于女大学生维持健康的身体状态。

以下是一个为期12周的散打锻炼计划，每周锻炼两次，分别安排在周二和周四：

周一（休息日）

- 休息或进行轻松的身体活动，如散步或瑜伽。

周二：散打技术训练

- 时间：60分钟
- 进行散打技术的训练，包括拳击组合、踢拳技巧和摔技。
- 强调正确的动作技巧和姿势。

周三（休息日）

- 休息或进行伸展和放松的练习，以恢复身体。

周四：散打实战练习

- 时间：60分钟
- 进行实战模拟练习，与搭档或教练进行比赛模拟，以提高实际应用能力。
- 着重练习防御技巧和反击。

周五（休息日）

- 休息或进行身体柔韧性的训练，如瑜伽或伸展运动。

周六和周日

- 自由活动或休息，根据个人需求。

在12周结束后，可以根据个体的目标和兴趣调整训练计划。散打锻炼将提高体能、协调性和自信心，同时也有助于减压和应对潜在的自卫需求。

请注意，安全始终是首要考虑，确保在专业散打教练的指导下进行训练，尤其是在实际应用中。此外，请注意适应自己的身体状况和能力，逐渐增加训练强度，以避免受伤。最好咨询医生，以确保你的健康状况适合进行散打训练。

图 12-8　ChatGPT 制订的健身计划

163　提供手工制品的教程

扫码看教学视频

对喜欢制作手工的用户来说，ChatGPT 可以提供相应的教程，助力用户完成手工制品。例如，在 ChatGPT 的输入框中输入"请你充当一个拥有编绳经验的人，提供一些用红色玉线和玉珠制作编绳手链的方法"，按【Enter】键确认，ChatGPT 邓会给出制作方法，如图 12-9 所示。

请你充当一个拥有编绳经验的人，提供一些用红色玉线和玉珠制作编绳手链的方法

当用红色玉线和玉珠制作编绳手链时，你可以选择不同的编绳技巧和图案来创造独特的设计。以下是一个简单的方法，可以帮助你制作一款基本的编绳手链：

所需材料：

1. 红色玉线：选择你喜欢的长度，通常手链需要的线长约为双臂长。你可以根据需要剪短线。
2. 玉珠：选择适合你手链设计的大小和颜色的玉珠。
3. 绳结：使用小型绳结来固定手链。

制作步骤：

1. 测量线：首先，将红色玉线剪成你所需的长度。留出一些额外的线来打绳结。
2. 找到中点：将线折叠在一起，找到中点。
3. 将绳结固定在中点：在线的中点处使用一个绳结将线固定在一起。这将成为手链的中心点。
4. 添加玉珠：现在，开始将玉珠穿过线。你可以穿透单个玉珠，或者将多个玉珠串在一起，然后将线穿过它们。继续添加玉珠，直到你满意。
5. 创建编绳：选择一种编绳技巧，例如中国结、马勒结等。使用这些技巧来绕着玉珠和线来创建编绳部分。这将使手链更加坚固并增添装饰性。
6. 添加更多玉珠和编绳：重复步骤4和步骤5，直到你达到所需的手链长度。
7. 结束手链：在手链的末端，使用绳结将线固定。确保绳结牢固。
8. 剪去多余线：使用剪刀将多余的线剪去，并确保线的末端被绳结隐藏在内。

这是一个基本的红色玉线和玉珠编绳手链的制作方法。你可以根据自己的创意和喜好来调整设计，选择不同的编绳技巧和玉珠排列方式，以创建独特的手链。希望这个方法对你有所帮助！

图 12-9　ChatGPT 给出的制作方法

164　提供整理收纳的方法

扫码看教学视频

掌握整理收纳技巧也是提高生活幸福指数的方式之一，在 ChatGPT 的帮助下，用户可以掌握一些整理收纳的技巧和方法，归置好自己的物品，从而增强生活的愉悦感。

例如，在 ChatGPT 的输入框中输入“请你充当一名收纳师，提供 5 种对半身裙进行整理和收纳的技巧和方法”，按【Enter】键确认，ChatGPT 即会生成相应的技巧，如图 12-10 所示。

请你充当一名收纳师，提供5种对半身裙进行整理和收纳的技巧和方法

当对半身裙进行整理和收纳时，以下是5种有效的技巧和方法，以帮助你更好地组织和保护这些衣物：

1. 折叠和叠放：
   - 一种简单而有效的方法是将半身裙折叠成相对均匀的长方形，然后叠放在抽屉或储物箱中。这有助于减少褶痕，并使你可以一目了然地看到每条半身裙。
2. 分类和分区：
   - 分类半身裙可以根据不同的标准，例如颜色、季节、长度、材质或用途。使用储物盒或抽屉，将每个分类分开，以便快速找到你需要的款式。
3. 悬挂和挂勾：
   - 对于那些容易起皱或需要特别保护的半身裙，可以选择挂钩或裙夹，将它们悬挂在衣柜内。这有助于保持半身裙的平整和延长其使用寿命。
4. 使用透明收纳袋或盒子：
   - 透明的收纳袋或盒子可以让你一目了然地看到其中的半身裙，而不必打开每个盒子或袋子。这对于快速选择适合你需要的半身裙非常有用。
5. 定期检查和清理：
   - 定期检查半身裙，确保它们保持在良好的状态。如有需要，进行清洗、修复或熨烫。同时，定期清理不再需要的半身裙，以确保你的收纳空间保持整洁和有序。

这些技巧和方法有助于更有效地整理和收纳半身裙，使它们保持整洁、易于查找，并延长其使用寿命。根据你的个人需求和可用空间，可以选择其中一种或多种方法来组织你的半身裙。

图 12-10 ChatGPT 生成相应的技巧

165 生成沟通话语的模板

扫码看教学视频

在人际交往中，好的沟通话语可以帮助结交更多好友、促成团队合作、实现共同目标等。但好的沟通话语并非人人都能掌握的，大部分人都需要通过后天的学习与积累，而在 ChatGPT 的帮助下，可以让用户快速地积累到有效的沟通话语模板。

例如，在 ChatGPT 的输入框中输入“请提供 5 个能够在职场中有效沟通的话语模板”，按【Enter】键确认，ChatGPT 即会生成有效的职场沟通话语模板，如图 12-11 所示。

图 12-11　ChatGPT 生成的有效的职场沟通话语模板

166　生成高情商回复的模板

扫码看教学视频

　　无论是在线上网络世界，还是在线下现实生活中，高情商回复都是为人们所追捧的一项技能。尤其是当人们面临着长辈的关心、领导的催促、好友的抛梗时，高情商回复能够营造一个平和的对话氛围。

　　在 ChatGPT 的帮助下，用户可以获得高情商回复的模板，根据实际情况进行调整后，便可以在人际沟通中达到舒适的状态。例如，在 ChatGPT 的输入框中输入"请根据以下情境给出高情商回复，要求表现出尊重和礼貌（另起一行）××××"，按【Enter】键确认，ChatGPT 即会生成高情商回复，如图 12-12 所示。

图 12-12　ChatGPT 生成高情商回复示例

167 生成与领导沟通的话语模板

对每个职场人士来说，与领导沟通也是一门学问，好的沟通方式关乎着自己的职场地位、办公方式和效率，因此掌握好的沟通方式尤为重要。运用 ChatGPT 生成沟通模板是快速掌握好的沟通方式的途径之一。

例如，在 ChatGPT 的输入框中输入"请提供 3 个适合与领导进行线下沟通的话语模板，用于汇报工作进度"，按【Enter】键确认，ChatGPT 即会生成与领导沟通的话语模板，如图 12-13 所示。

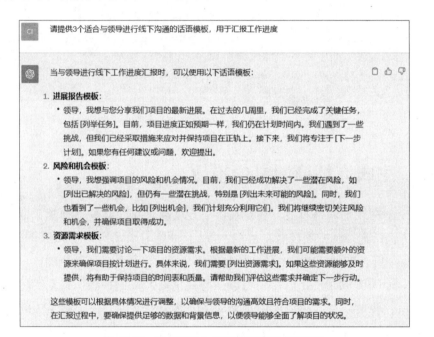

图 12-13　ChatGPT 生成与领导沟通的话语模板

168 提供团队沟通技巧

在日常的学习和办公中，团队合作是常见的模式。为了有效地完成学习任务、推进工作进程，掌握好的团队沟通方式是十分有必要的，运用 ChatGPT，用户可以获得一些团队沟通技巧参考。

例如，在 ChatGPT 的输入框中输入"为了更好地完成小组作业，请提供 4 种适合用于团队的沟通技巧"，按【Enter】键确认，ChatGPT 会提供团队沟通的技巧，如图 12-14 所示。

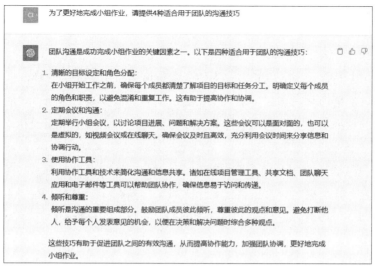

图 12-14　ChatGPT 提供的团队沟通技巧

169　生成夸赞他人的话语模板

扫码看教学视频

在人际交往中，夸赞往往是拉近人际距离的有效途径，但并非人人都会夸赞，让人听起来舒适、真诚的夸赞才是有效的。运用 ChatGPT，用户可以获得真诚夸赞他人的话语模板。

例如，在 ChatGPT 的输入框中输入"请提供 3 个夸赞他人的模板，体现服装店老板的审美好、性格随和，要表现出真诚、给人舒服的感觉，不要太夸张"，按【Enter】键确认，ChatGPT 会生成真诚夸赞他人的话语模板，如图 12-15 所示。

图 12-15　ChatGPT 生成真诚夸赞他人的话语模板

170　生成安慰他人的话语模板

在如今生活压力越来越大的时代，"情绪价值"是极为奢侈的精神产品，尤其是在他人失意时，为他人提供情绪价值，是十分难得的。最常见的情形是，当好友陷入悲伤的情绪时，需要及时给予有效的安慰。在 ChatGPT 的帮助下，用户可以获得有效安慰他人的话语模板，以顺利处理好友的情绪。

例如，在 ChatGPT 的输入框中输入"请提供一些有效安慰他人的话语模板，以应对好友考试失利的情形，要让对方感到宽慰和舒心"，按【Enter】键确认，ChatGPT 即会生成有效安慰他人的话语模板，如图 12-16 所示。

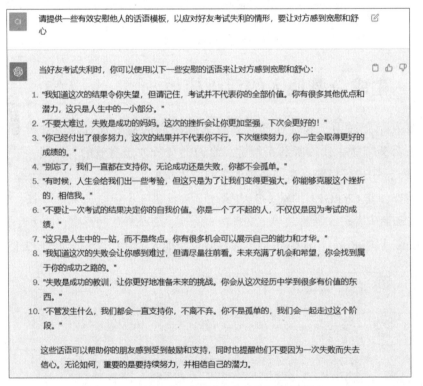

图 12-16　ChatGPT 生成有效安慰他人的话语模板

第 13 章

ChatGPT+ 娱乐休闲：帮你放松身心

ChatGPT 可以充当娱乐项目的玩伴，与用户进行游戏，例如回复趣味脑洞题、进行角色扮演、进行成语接龙等；也可以为用户生成一些娱乐休闲性质的文本，例如朋友圈文案、节日祝福语等。本章将介绍 ChatGPT 娱乐休闲方面的应用。

171 生成朋友圈文案

扫码看教学视频

朋友圈文案是人们在生活中接触频率最高的文本，主要发挥社交的作用。好的朋友圈文案往往能给人留下深刻的印象，让亲朋好友禁不住点赞。在 ChatGPT 的帮助下，用户能够更高效地创作出好的朋友圈文案，从而吸引大量朋友点赞。

例如，在 ChatGPT 的输入框中输入"国庆期间，我去杭州玩了 3 天，请帮我写一条有吸引力的朋友圈文案，要求：不超过 150 个字，重点表现出和朋友见面的开心"，按【Enter】键确认，ChatGPT 即会生成朋友圈文案，如图 13-1 所示。

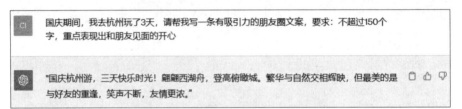

图 13-1　ChatGPT 生成的朋友圈文案

172 协助社交媒体动态的更新

扫码看教学视频

除了微信朋友圈，还有其他的社交媒体，比如抖音、网易云音乐、豆瓣、知乎等平台的动态文案，我们可以在 ChatGPT 的帮助下，获得高质量、有吸引力的文案内容，从而确保社交媒体内容的更新。

例如，在 ChatGPT 的输入框中输入"请从情感共鸣的角度，帮我写一条关于《春日狂想曲：可爱的小鸟》（*Scherazade: The Young Prince and the Young Princess*）这首歌的文案，要求：符合网易云平台的文案特性，不超过 100 个字"，按【Enter】键确认，ChatGPT 即会生成相应的社交媒体文案，如图 13-2 所示。

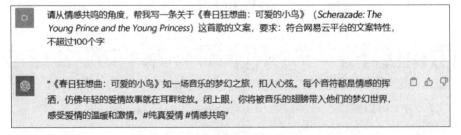

图 13-2　ChatGPT 生成相应的社交媒体文案

173　结合经历生成日记

扫码看教学视频

日记是人们用于记录情感、释放情绪、缓解压力和培养自我意识的文本，人们可以用日记来记录生活中的所思所想、所见所闻。在 ChatGPT 的帮助下，用户可以更高效地写作日记。

例如，在 ChatGPT 的输入框中输入"请根据以下经历帮我写一篇日记，不超过 300 字（另起一行）××××"，按【Enter】键确认，ChatGPT 即会结合用户所提供的经历生成日记，如图 13-3 所示。

> CI　请根据以下经历帮我写一篇日记，记录真实的心情变化，不超过300字
> 我是一名鼓手，今天是我们乐队的第一次登台演出，但我的第一次登台并没有很顺利，因为天突然下了大雨，我们的演出过程被中断了，好在有一部分观众仍没有离场，坚持看完了我们的演出
>
> 日期：2023年10月26日
>
> 今天是我作为一名鼓手的重要一天，我们乐队迎来了第一次登台演出。我早上起床时兴奋不已，心情愈加激动。演出前的准备工作让我紧张不已，但我也知道这是我一直以来梦寐以求的时刻。
>
> 然而，事情并没有如我所愿。当我们准备上台的时候，突然间天空变得阴沉，大雨倾盆而下。这让我们非常担心，毕竟这场演出对我们来说意义重大。尽管天气不利，但我们决定不放弃，毕竟我们已经付出了太多努力。
>
> 在雨中，我们开始演奏，尽管一开始乐器都湿了，但我们还是全情投入。尽管天气因素让演出变得艰难，但我们的音乐传达出了我们的激情和执着。幸运的是，有一部分观众没有离场，他们坚持看完了我们的演出，为我们鼓掌欢呼。
>
> 这个经历让我深刻体会到生活中的不可掌控因素，但也让我明白了团队合作的重要性。尽管起初我感到沮丧，但最终，我们的坚持和观众的支持让我心情变得更加振奋。这是我生命中的一段宝贵经历，我会继续前行，用音乐传递我的热情。

图 13-3　ChatGPT 结合用户提供的经历生成日记

174　编写个人自传

每个人的人生都可以是一部长篇小说，读来津津乐道，耐人寻味，因此写作个人自传不足为奇，因为每一个独特的人都值得被记录。编写个人自传对语言的组织能力、思维的整合能力都有一定的要求，用户可以巧妙地运用 ChatGPT，在 AI 的帮助下，顺利、高效地完成个人自传的编写。

例如，在 ChatGPT 的输入框中输入"请根据以下经历，用平实、简朴的语言写出自传的第一章内容（另起一行）××××"，按【Enter】键确认，

ChatGPT 会结合个人经历编写自传，如图 13-4 所示。

> CI 请根据以下经历，用平实、简朴的语言写出自传的第一章内容
> 个人经历：大学时喜欢上了编织工艺，利用空闲时间拜师学习，毕业后找了几份工作，但都
> 没有坚持下去，在家里人的支持下自己开了一家编织手工店，在售卖编织的材料和成品同
> 时，开设了教学课程和手工体验区，受到了很多顾客的喜爱

第一章：梦中的编织之路

我从小就被告知要"追求自己的梦想"，但在很长一段时间里，我并没有真正理解这句话的含
义。直到大学时，一门平凡而又令人陶醉的工艺走进我的生命，编织，它成为了我生命中的
一股清流。

在那个阳光明媚的午后，我第一次接触到编织，仿佛是一场奇妙的邂逅。大校校园里有各种
各样的社团活动，我随意参加了一个编织社团的活动。那时，我对编织一窍不通，但在那个
温馨的社团活动室里，我感到自己仿佛找到了一块属于自己的乐土。

于是，我开始用课余时间拜师学习编织。一开始，线总是在我的手指间打结，编织变成了一
场纠纷。但是，我并没有放弃。我学着从失败中汲取教训，一点一滴地提高自己的技能。编
织成为了我的热情和兴趣，我沉浸其中，从不知所踪的线条中，渐渐发现生活的意义。

毕业后，我像许多人一样，找了几份工作，但总感觉自己处在一种迷茫中。每天早出晚归，
办公桌前的电脑屏幕仿佛囚禁住了我的灵魂。我感到自己好像失去了什么，好像与自己的内
心渐行渐远。

然而，幸运的是，我有一群支持我的家人。他们看出了我的困惑和挣扎，给了我无限的鼓励
和支持。在他们的支持下，我决定走出原本的舒适区，追随自己的梦想。

我打开了一扇崭新的大门，自己开了一家编织手工店。在这家小小的店里，我不仅出售编织
的材料和成品，还提供教学课程和手工体验区。这里成了我与编织爱好者们相聚、交流的地
方。

创业的道路并不容易，但我从未后悔过。我看到了编织的魔法，也看到了编织带给人们的快
乐和满足。越来越多的顾客来到我的店里，他们不仅喜欢我的编织作品，也喜欢和我一起创
造美丽的东西。这个小小的编织手工店变成了一个充满热情和创意的社区。

这是我生命中的第一章，一个充满了梦想、勇气和家人支持的新开始。从那时起，编织不再
是一个简单的手工活动，它成为了我生命中的一颗闪耀的明星。这个梦想，我将它紧紧抓
住，坚定地走在属于自己的编织之路上。

图 13-4　ChatGPT 结合个人经历编写自传

175　根据格式拟写贺词

扫码看教学视频

　　贺词，是一种用来表示祝贺的专用文体。除了对对方表示祝贺，
它也兼具慰问和赞扬的功能，由古代祝词演变而来，因此有固定的写
作格式。

　　例如，在 ChatGPT 的输入框中输入"请根据贺词的格式，拟写一份祝贺好
友新婚的贺词，不超过 200 字"，按【Enter】键确认，ChatGPT 即会根据需求
拟写贺词，如图 13-5 所示。

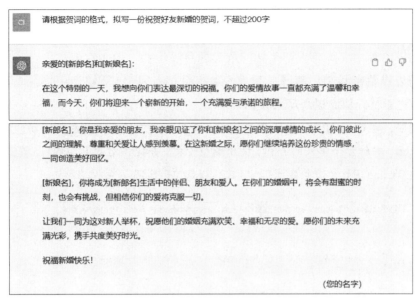

图 13-5　ChatGPT 根据需求拟写贺词

176　生成节日祝福语

逢年过节，人们大多习惯用短信或微信给远在外地的亲朋好友送去祝福，且祝福的形式多样，文字和表情兼备，内容也不仅仅是"快乐"一词，还有许多美好的祝愿。但有时祝福语的形式花样太多，可能涵盖了它本身传达的含义，少了一些诚意和创意。

（二维码：扫码看教学视频）

此时，用户可以寻求 ChatGPT 的帮助，让它生成有针对性、带有诚意的节日祝福语，再经过修改与润色，发送给好友会更能传达心意。

例如，在 ChatGPT 的输入框中输入"请生成 4 条发送给好朋友的中秋节祝福语，要求：感情真挚，每条不超过 50 个字"，按【Enter】键确认，ChatGPT即会生成中秋节祝福语，如图 13-6 所示。

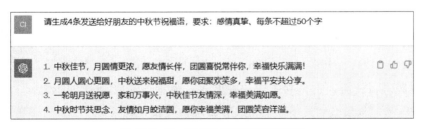

图 13-6　ChatGPT 生成的中秋节祝福语

177 提供辩论素材

扫码看教学视频

在辩论赛中，能言善辩是用户取胜的一大优势，但能言善辩的前提是思维缜密和知识渊博，而巧妙地运用 ChatGPT，能够为用户提供辩论素材，从而提高辩论胜利的概率。

例如，在 ChatGPT 的输入框中输入"请针对'气候变化是人类活动的结果'这一论点，综合古今中外的知识，提出两个论据，并提供对应的实例"，按【Enter】键确认，ChatGPT 会按照要求提供辩论素材，如图 13-7 所示。

请针对"气候变化是人类活动的结果"这一论点，综合古今中外的知识，提出两个论据，并提供对应的实例

"气候变化是人类活动的结果"是气候科学的主流共识，以下是两个支持这一论点的论据以及相关实例：

论据1：温室气体排放
科学研究表明，人类活动导致了大规模的温室气体排放，其中最重要的是二氧化碳（CO_2）、甲烷（CH_4）和氮氧化物（N_2O）。这些温室气体在大气中积累，形成温室效应，导致地球气温上升。例如，工业活动、汽车尾气排放、化石燃料燃烧、森林砍伐和农业实践都会释放大量温室气体。这些排放被认为是导致全球气候变化的主要原因。

实例1：工业革命以来，全球二氧化碳排放量急剧增加，与此同时，全球气温也出现了显著上升。这一趋势清晰地表明，人类活动对气候变化产生了重大影响。

论据2：温室气体浓度和气温关联
科学家通过研究大气样本、气象数据以及古气候记录，发现温室气体浓度的升高与全球气温上升之间存在密切关联。例如，冰芯样本中的数据表明，在过去几十万年中，温室气体浓度和气温呈现出紧密的对应关系。当温室气体浓度上升时，气温也上升，反之亦然。

实例2：冰芯样本中的数据显示，在过去的冰河期和间冰期中，温室气体浓度和气温之间的关联一直存在。当温室气体浓度上升时，气温升高，这与当前温室气体排放和全球气温上升的情况相呼应，支持了气候变化是人类活动的结果的论点。

这些论据和实例强调了人类活动对气候变化的贡献，它们是气候科学界的主流观点，并为采取行动减少温室气体排放提供了强有力的支持。

图 13-7 ChatGPT 按照要求提供辩论素材

178 进行辩论交流

扫码看教学视频

把 ChatGPT 当作好友，与 ChatGPT 探讨一些辩题，或者针对某一个话题进行交流，也是娱乐的一种方式。例如，在 ChatGPT 的输入框中输入"假设我们是多年的好友，常常喜欢在一起探讨一些热门话题或有趣的现象，请以'年轻人应不应该因为爱好而选择某份工作'这个问题发表你的看

法，要求表达口语化、简洁"，按【Enter】键确认，ChatGPT 即会根据问题提出相应的看法，如图 13-8 所示。

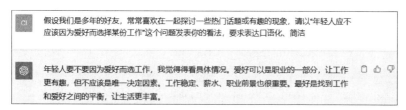

图 13-8　ChatGPT 根据问题提出相应的看法

179　解答脑洞题

扫码看教学视频

　　与 ChatGPT 进行文本游戏，可以让 ChatGPT 根据脑洞题给出答案，比如穿越到过去，与过去的人对话。用户可以通过这个，打发闲暇时间。

　　例如，在 ChatGPT 的输入框中输入"假设现在有机会穿越回中国古代的任意一个朝代，擅长作诗的你最想要穿越回哪一个朝代"，按【Enter】键确认，ChatGPT 即会对脑洞题进行回答，如图 13-9 所示。

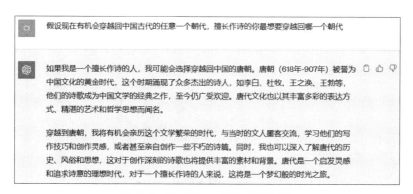

图 13-9　ChatGPT 对脑洞题进行回答

180　进行角色扮演

扫码看教学视频

　　用户在与 ChatGPT 进行娱乐游戏时，可以让 ChatGPT 扮演某一个著名的角色，用这个角色的思维方式来回复现代生活中遇到的问题，从而达到娱乐的目的。

例如，在 ChatGPT 的输入框中输入"你是牛顿，当一个梨砸在你头上的时候，你的第一反应是什么？用牛顿的第一人称回答"，按【Enter】键确认，ChatGPT 即会根据角色进行回复，如图 13-10 所示。

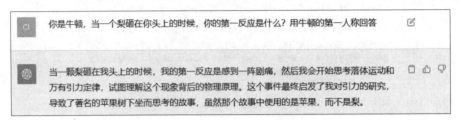

图 13-10　ChatGPT 根据角色进行回复

181　进行成语接龙

扫码看教学视频

成语接龙是最常见的文本游戏，与 ChatGPT 简单交代好游戏规则，即可一直进行游戏。ChatGPT 的文本数据库可以满足大容量的成语接龙，用户无须担心 ChatGPT 会"卡壳"。

例如，在 ChatGPT 的输入框中输入"我们来进行一个成语接龙游戏。我先给出一个成语，你按照成语的尾字读音进行成语接龙，当你给出的成语较为生僻时，应对成语进行解释。我的第一个成语是川流不息"，按【Enter】键确认，ChatGPT 即会根据游戏规则给出合适的接龙成语，如图 13-11 所示。

图 13-11　ChatGPT 根据要求给出合适的接龙成语

182　进行接诗词游戏

扫码看教学视频

用户可以给出一句诗词，让 ChatGPT 接前面或后面的诗词，达到游戏目的的同时还可以学习诗词。例如，在 ChatGPT 的输入框中输入"我们来进行一个接诗词游戏。我先给出一句诗词，你需要接上诗词的下一句，且在必要时给出诗词的解释。我给出的第一句诗词是'采菊东篱下'"，按【Enter】键确认，ChatGPT 会根据游戏规则给出下一句诗词，如图 13-12 所示。

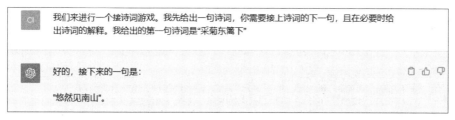

图 13-12　ChatGPT 给出下一句诗词

183　回复脑筋急转弯问题

扫码看教学视频

脑筋急转弯是一种考验脑洞的趣味游戏，通过设置一些不在常规思维中的问题，找到逻辑漏洞给出让人觉得似是而非的回答，以此获得乐趣。

例如，在 ChatGPT 的输入框中输入"我们来进行一个脑筋急转弯游戏。我会先给出一个题目，请你根据题目来作答，并出相似的题。我的第一个题目是：什么东西在站立的时候比躺着的时候长？"按【Enter】键确认，ChatGPT 即会进行回复，如图 13-13 所示。

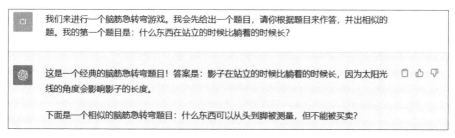

图 13-13　ChatGPT 回复脑筋急转弯问题

184　品读藏头诗

扫码看教学视频

藏头诗，又名"藏头格"，是诗歌的一种形式，一般将某个字词或某件事藏在诗句中，不直接表明，需要人细细品味才能看出意蕴。藏头诗可以传达作者的某种特定情感，用户可以让 ChatGPT 品读自己写的藏头诗，从中体会文字的乐趣。

　　例如，在 ChatGPT 的输入框中输入"我们来玩一个品读藏头诗的游戏。我会先给出一首诗，这 4 句诗的开头所'藏'的字连起来是一个 4 字词语，你需要找出这个 4 字词语，并解读诗中蕴含的情感。我给出的藏头诗是：（另起一行）××××"，按【Enter】键确认，ChatGPT 会对诗进行品读，如图 13-14 所示。

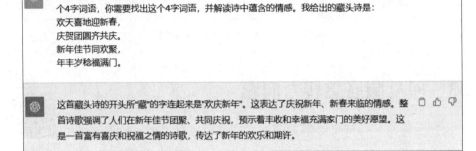

图 13-14　ChatGPT 品读藏头诗

第 14 章

ChatGPT+ 商业管理：实现财富增长

在金融领域，ChatGPT 可以充当"军师"，分析数据和提供决策；在企业管理中，ChatGPT 能够给出管理制度和培训指导，提供成本管控和预防风险建议等；在采购活动中，ChatGPT 可以提供有关采购决策的数据驱动建议。本章介绍 ChatGPT 在商业活动中的应用。

185 生成营销方案

扫码看教学视频

营销方案是金融领域一种用于销售的手段，是对预期销售活动的整体性规划。一般而言，一份完整的营销方案包括基本问题、项目市场优劣势、解决问题的方案 3 个方面的内容。用户可以在 ChatGPT 的输入框中输入恰当的指令，让 ChatGPT 设计出可行的营销方案。

例如，在 ChatGPT 的输入框中输入"请生成一份关于优惠购买房屋综合保险的营销方案"，按【Enter】键确认，ChatGPT 即会生成关于房屋保险的营销方案，部分内容如图 14-1 所示。

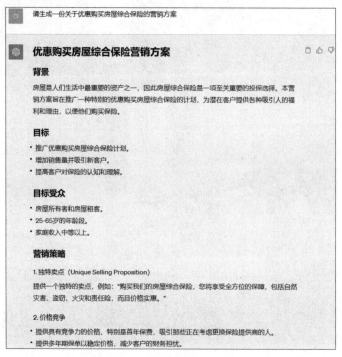

图 14-1 ChatGPT 生成关于房屋保险的营销方案（部分内容）

186 生成营销短信

扫码看教学视频

营销短信是金融领域中常见的营销方式，主要是以短信的形式，向受众传递金融产品或服务的优惠信息，从而获得受众的关注。营销短信的编辑形式通常是企业或品牌名称＋营销信息＋链接传送门＋"回 T 退订"，用户可以将其提供给 ChatGPT，让 ChatGPT 按照编辑形式批量生成营销短信，无须花费精力进行编辑。

例如，在 ChatGPT 的输入框中输入"营销短信的编辑形式通常是企业或品牌名称 + 营销信息 + 链接传送门 + '回 T 退订'，请结合这类形式，编辑一条'AE银行推出开心宝零钱理财业务，随存随取，最低一元起购，欢迎大家开通'的营销短信"，按【Enter】键确认，ChatGPT 即会生成营销短信，如图 14-2 所示。

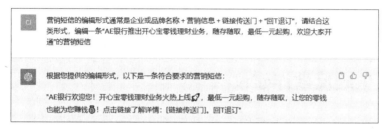

图 14-2　ChatGPT 生成的营销短信

187　解答理财困惑

扫码看教学视频

当用户有理财、投资方面的困惑时，可以向 ChatGPT 寻求帮助，让 ChatGPT 充当金融专家，调动专业的金融知识来为用户解答。

例如，在 ChatGPT 的输入框中输入"假设你是一名理财专家，擅长管理个人财务，请问有哪些长期、有效的理财方法"，按【Enter】键确认，ChatGPT 即会生成理财方法，如图 14-3 所示。

图 14-3

8. 定期评估和调整：定期审查你的财务计划，确保它与你的目标保持一致。根据生活变化和市场条件进行调整。

9. 避免贪婪和恐惧：不要受情绪驱使进行投资决策。避免在市场高峰时追高，也不要在市场低谷时恐慌抛售。

10. 寻求专业建议：如果你不确定如何管理自己的财务，寻求专业理财顾问的帮助，他们可以帮助你制定个人化的财务计划。

这些方法可以帮助你建立健康的财务基础，并实现长期财务目标。不同人的情况各异，因此建议根据个人需求和目标来制定财务策略。

图 14-3　ChatGPT 生成的理财方法

188　生成反欺诈建议

在金融领域，应用 ChatGPT 还可以获得防网贷诈骗、电信诈骗等反欺诈建议。例如，在 ChatGPT 的输入框中输入"请列举 3 种防止被投资诈骗的好方法"，按【Enter】键确认，ChatGPT 即会给出反欺诈建议，如图 14-4 所示。

扫码看教学视频

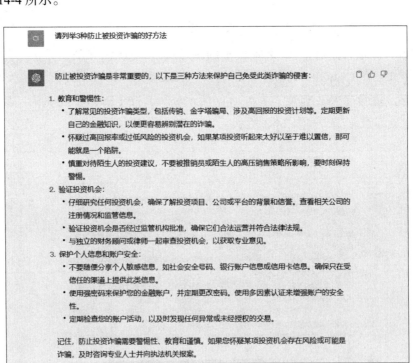

图 14-4　ChatGPT 给出的反欺诈建议

189　生成生产规章制度

扫码看教学视频

对大部分企业来说，产品质量是第一生产力，而产品质量需要在生产环节严格把关，因此企业管理的重要环节应该是产品的生产管理。一般来说，产品的生产管理由企业制定严格的规章制度，并由负责生产的工作人员执行。ChatGPT 可以帮助用户生成相关产品的生产规章制度，从而指导企业进行生产管理。

例如，在 ChatGPT 的输入框中输入"请你充当生产安全专家，以食品安全为目的，结合法规和食品安全标准，为一家生产绿豆糕产品的企业撰写一份绿豆糕产品安全生产管理规章"，按【Enter】键确认，ChatGPT 即会生成相应产品的生产管理规章，部分内容如图 14-5 所示。

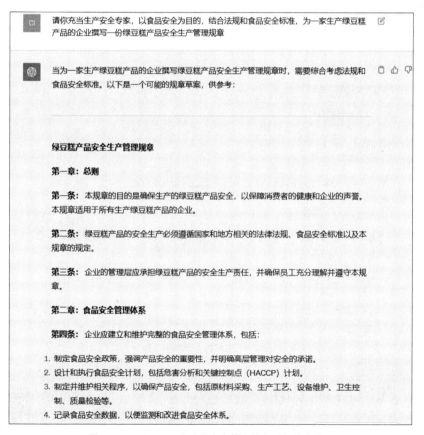

图 14-5　ChatGPT 生成的生产管理规章（部分内容）

190　生成管理制度

在企业管理中，制定管理制度是一项有效的管理企业的方式。管理制度一方面能够帮助企业约束员工的行为，激励员工发挥主观能动性和积极性，另一方面能够提高企业的管理水平、完善管理体系，促进企业管理更加规范、有序和高效。在 ChatGPT 的帮助下，企业能够制定出全面、完善的管理制度。

例如，在 ChatGPT 的输入框中输入"请你充当企业的行政部门人员，协助钢笔生产公司起草一份有助于管理公司的规章制度"，按【Enter】键确认，ChatGPT 即会生成管理制度，部分内容如图 14-6 所示。

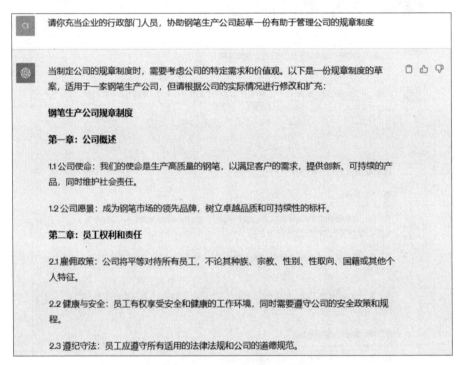

图 14-6　ChatGPT 生成的管理制度（部分内容）

191　生成培训手册

大多数企业作为一个团体组织，都会有自己的企业文化、发展规划和行事准则等，以确保企业能够稳定、持久地发展下去。因此，企业会以培训手册的形式对员工进行培训，传递企业文化和行事规则等，鼓舞员工的工作积极性。运用 ChatGPT，用户能够获得比较全面、有针对性的培训手册。

　　例如，在 ChatGPT 的输入框中输入"请你充当企业的人力资源部门经理，根据文具公司的岗位职责、项目特征、战略目标等生成一份员工培训手册"，按【Enter】键确认，ChatGPT 即会生成培训手册，部分内容如图 14-7 所示。

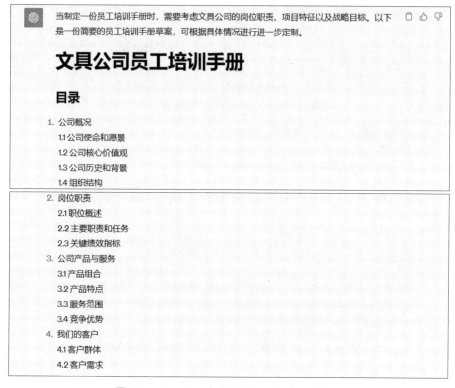

图 14-7　ChatGPT 生成的培训手册（部分内容）

192　生成风险防范建议

扫码看教学视频

　　在企业经营的过程中，可能会面临法律法规风险、市场风险、技术风险、财务风险、业务风险、自然灾害风险和人才风险等诸多隐患，因此风险防范也是企业管理中的重要项目，科学地管理企业能够帮助企业提供风险防范的意识。

　　但科学的企业管理能力和水平并非一朝一夕形成的，需要企业经营经验的积累，且风险具有不确定性，因此风险防范并不是一件易事。不过，运用 ChatGPT，企业能够借助 AI 的力量获得很多风险防范的建议，从而间接地增强企业管理能力。

例如，在 ChatGPT 的输入框中输入“请你充当风险管理顾问，从不同维度为游戏公司提供一些风险防范建议”，按【Enter】键确认，ChatGPT 即会生成企业风险防范建议，部分内容如图 14-8 所示。

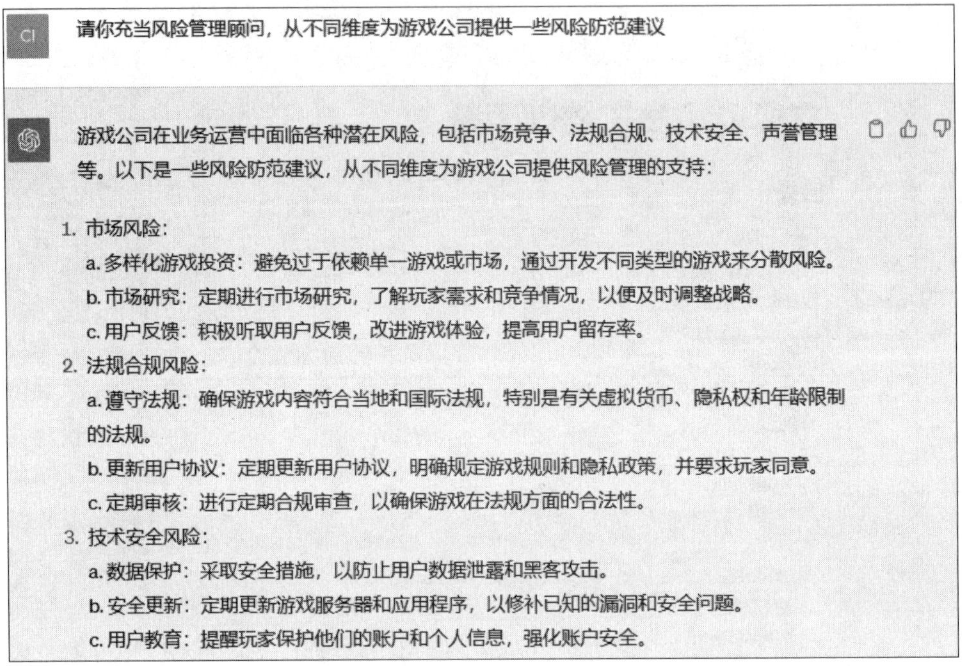
请你充当风险管理顾问，从不同维度为游戏公司提供一些风险防范建议

游戏公司在业务运营中面临各种潜在风险，包括市场竞争、法规合规、技术安全、声誉管理等。以下是一些风险防范建议，从不同维度为游戏公司提供风险管理的支持：

1. 市场风险：
   a. 多样化游戏投资：避免过于依赖单一游戏或市场，通过开发不同类型的游戏来分散风险。
   b. 市场研究：定期进行市场研究，了解玩家需求和竞争情况，以便及时调整战略。
   c. 用户反馈：积极听取用户反馈，改进游戏体验，提高用户留存率。
2. 法规合规风险：
   a. 遵守法规：确保游戏内容符合当地和国际法规，特别是有关虚拟货币、隐私权和年龄限制的法规。
   b. 更新用户协议：定期更新用户协议，明确规定游戏规则和隐私政策，并要求玩家同意。
   c. 定期审核：进行定期合规审查，以确保游戏在法规方面的合法性。
3. 技术安全风险：
   a. 数据保护：采取安全措施，以防止用户数据泄露和黑客攻击。
   b. 安全更新：定期更新游戏服务器和应用程序，以修补已知的漏洞和安全问题。
   c. 用户教育：提醒玩家保护他们的账户和个人信息，强化账户安全。

图 14-8　ChatGPT 生成的企业风险防范建议（部分内容）

193　生成采购清单

扫码看教学视频

用户进行采购活动的第一步是确定需要采购的物品有哪些，制定采购清单。采购清单是采购活动发生的基础，影响后面制订采购计划、选择供应商和签订采购合同等一系列流程。用户可以将所需购买的物品提供给 ChatGPT，让 ChatGPT 帮忙分类、统计并制作采购清单。

例如，在 ChatGPT 的输入框中输入“假设你是一名经验丰富的采购人员，请运用电子表格的形式，将以下物品进行统计与分类，创建一个采购清单（另起一行）××××”，按【Enter】键发送，ChatGPT 会归类物品并创建采购清单，如图 14-9 所示。

假设你是一名经验丰富的采购人员，请运用电子表格的形式，将以下物品进行统计与分类，创建一个采购清单
采购物品：花生油10桶、橄榄油8瓶、可乐3箱、生抽3瓶、辣椒粉10包、记事本26本、钢笔20支、中性笔9盒、日历15本、多肉植物9盆、绿萝16盆、抱枕29个、拖鞋30双、一次性手套30包、洗洁精5瓶

以下是采购清单的电子表格形式：

物品	数量	分类
花生油	10 桶	食品类
橄榄油	8 瓶	食品类
可乐	3 箱	饮料类
生抽	3 瓶	食品类
辣椒粉	10 包	食品类
记事本	26 本	办公用品类
钢笔	20 支	办公用品类
中性笔	9 盒	办公用品类
日历	15 本	办公用品类
多肉植物	9 盆	室内植物类
绿萝	16 盆	室内植物类
抱枕	29 个	家居用品类
拖鞋	30 双	家居用品类
一次性手套	30 包	卫生用品类
洗洁精	5 瓶	清洁用品类

你可以根据这个表格来跟踪采购物品的数量和分类，以便更好地管理和组织采购流程。

图 14-9　ChatGPT 归类物品并创建采购清单

194　制定采购预算

扫码看教学视频

采购预算是进行采购的依据，具体可以作为选择供应商、谈判商洽等环节的依据，比如用户在与供应商进行价格商洽时，采购预算可以作为采购价格的"底牌"。运用 ChatGPT，用户可以合理规划采购预算，从而做出正确的采购决策。

例如，在 ChatGPT 的输入框中输入"假设你是一名经验丰富的采购人员，请你根据采购经验，估算中国的物价，为以下采购物品制定采购预算表（另起一行）××××"，按【Enter】键确认，ChatGPT 即会生成采购预算，如图 14-10 所示。

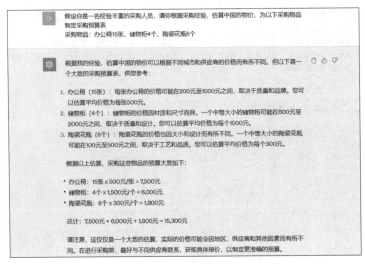

图 14-10　ChatGPT 生成的采购预算

195　协助管理供应商

在采购的过程中，用户需要时刻与供应商保持联系，了解供应商的供货进度，及时帮助供应商解决困难，因此供应商管理也是采购中的重要环节。运用 ChatGPT，用户可以快速制定出供应商评估表，从而更便捷地进行供应商管理。

例如，在 ChatGPT 的输入框中输入"假设你是采购部门的经理，请从质量、成本、交货、服务、技术、资产、员工与流程等方面创建一个供应商评估表，用来管理供应商"，按【Enter】键确认，ChatGPT 即会生成回复，部分内容如图 14-11 所示。

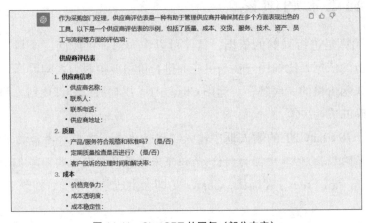

图 14-11　ChatGPT 的回复（部分内容）

第 15 章

ChatGPT+ 更多应用：拓展无限可能

　　除了前面介绍的那些领域，ChatGPT 还可以在更多领域发挥作用，例如音乐、游戏、设计、法律、医药和文学等。本章将探究 ChatGPT 在其他领域中的应用，了解它如何成为问题的解决者和内容的创造者。

196 根据主题创作歌词

ChatGPT 的文本生成功能在音乐领域也能发挥作用，在明确的指令下，它能够生成 AI 视角下的歌词。例如，在 ChatGPT 的输入框中输入"请以'家'为主题，为一首歌曲写作歌词"，按【Enter】键确认，ChatGPT 即会根据主题写作歌词，部分内容如图 15-1 所示。

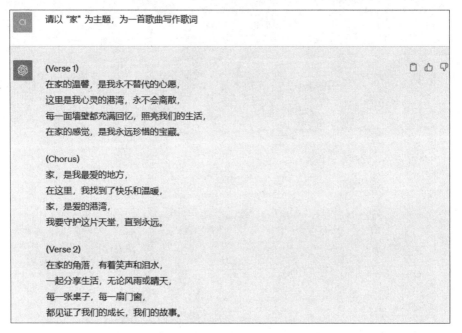

图 15-1　ChatGPT 根据主题写作歌词（部分内容）

197 生成民谣的歌词和乐谱

民谣是指民间流传的、具有民族色彩的歌曲。而我们常说的民谣则以吉他伴奏采用浅吟低唱的形式，因此民谣有其独特的音阶与情调，具有缠绵悱恻的特征。用户运用 ChatGPT 创作民谣时，应明确主题和谱曲方式。

例如，在 ChatGPT 的输入框中输入"请以'思念爱人'为主题，创作一首民谣歌曲，要求生成歌词和吉他乐谱，在歌词上表现真情，谱曲时用吉他伴奏"，按【Enter】键确认，ChatGPT 即会根据主题创作一首民谣，部分内容如图 15-2 所示。

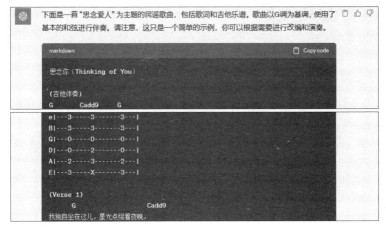

图 15-2　ChatGPT 创作的民谣（部分内容）

198　提供游戏人物设计的灵感

扫码看教学视频

游戏人物设计是游戏开发中必不可少的环节，有记忆点、给人留下深刻印象的游戏人物可以为游戏增加热度，使游戏开发公司获得营利。因此，游戏人物的设计需要用户开发脑洞、展开联想、大胆创新，巧用 ChatGPT 可以为用户提供一些灵感。

例如，在 ChatGPT 的输入框中输入"请你充当游戏设计师，根据设计经验为一款冒险游戏提供主要人物外貌上的设计灵感"，按【Enter】键确认，ChatGPT 即会给出游戏人物设计的灵感，部分内容如图 15-3 所示。

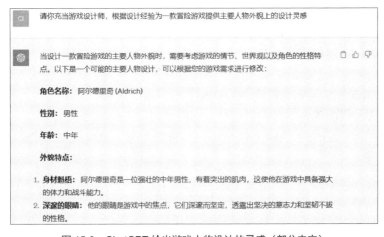

图 15-3　ChatGPT 给出游戏人物设计的灵感（部分内容）

199　进行游戏策划

扫码看教学视频

一款游戏的研发，首先会由主策划人员策划出整个游戏的设定，包括但不限于游戏的世界观、玩法、角色设定和剧情，这些设定奠定了游戏研发的基础，为后续的工作进程提供了指导。用户让 ChatGPT 充当游戏的主策划师，可以以 AI 的视角来策划游戏。

例如，在 ChatGPT 的输入框中输入"请你充当一名游戏主策划师，设计一款竞技类游戏，包括游戏的世界观、玩法、角色设定和剧情等"，按【Enter】键确认，ChatGPT 即会生成游戏策划，部分内容如图 15-4 所示。

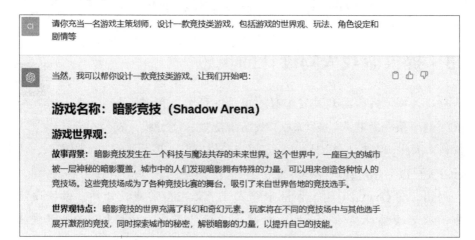

图 15-4　ChatGPT 生成的游戏策划（部分内容）

200　设计游戏系统

扫码看教学视频

以上一例中的竞技类游戏为例，用户可以让 ChatGPT 设计一个竞技类系统，将游戏策划变为真正可行的游戏机制。

例如，在 ChatGPT 的输入框中输入"请你充当一名游戏开发师，根据以下游戏策划信息生成整个游戏系统的代码（另起一行）××××"，按【Enter】键确认，ChatGPT 即会给出游戏系统的代码，部分内容如图 15-5 所示。

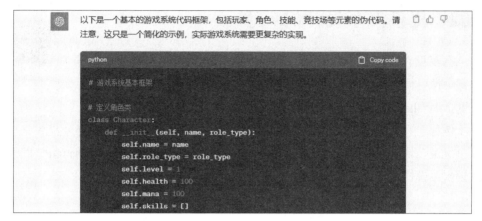

图 15-5　ChatGPT 给出游戏系统的代码（部分内容）

201　提供服装设计的灵感

扫码看教学视频

在创意设计中，服装设计也是需要灵感的设计类型。服装设计需要考虑穿衣场合、时尚特点、材料性能、服装工艺等要素，因此对用户的要求较高。在 ChatGPT 的帮助下，用户可以获得一些设计灵感，从而减轻工作压力。

例如，在 ChatGPT 的输入框中输入"请你充当一名服装设计师，根据以下信息提供一些设计灵感（另起一行）××××"，按【Enter】键确认，ChatGPT 即会根据要求提供服装设计灵感，部分内容如图 15-6 所示。

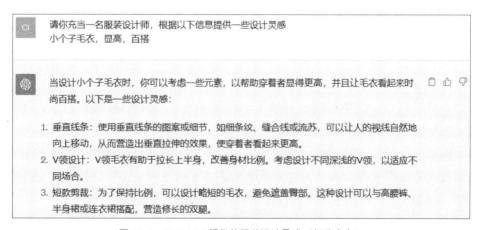

图 15-6　ChatGPT 提供的服装设计灵感（部分内容）

202 提供汽车设计的灵感

汽车设计包括车身设计、性能设计、材料选择等方面，需要考虑安全性、耐用性、可靠性和可回收性等因素，要求用户有一定的专业度，而 ChatGPT 可以为汽车设计提供帮助。

例如，在 ChatGPT 的输入框中输入"请你充当一名汽车设计师，提供一些以'可爱'为主题的车身结构设计灵感"，按【Enter】键确认，ChatGPT 即会提供汽车设计灵感，部分内容如图 15-7 所示。

CI　请你充当一名汽车设计师，提供一些以"可爱"为主题的车身结构设计灵感

当设计可爱主题的车身结构时，你可以考虑一些以下的元素和灵感：

1. 圆润的曲线：使用圆润的曲线和弧线来打造车辆的外观，使其看起来更加可爱和友好。避免尖锐的边角和线条。
2. 大眼睛风格的前灯：设计大而圆的前灯，使汽车看起来像是一个拥有生动眼神的角色。可以考虑增加眨眼功能，让前灯看起来更有表情。
3. 可爱的颜色：选择明亮而可爱的颜色，如粉色、淡蓝色、柔和的黄色等，以增加车辆的可爱感。
4. 卡通图案和装饰：可以在车身上添加卡通图案、小动物形状或其他可爱的装饰，以增加趣味性。这些图案可以出现在车门、车顶或后视镜上。
5. 大型车窗：增加车窗的大小，以提供更多的透视，让内部空间更加明亮和友好。
6. 圆形车轮：选择圆形车轮设计，与车身的圆润曲线相呼应，增加整体的可爱感。

图 15-7　ChatGPT 提供的汽车设计灵感（部分内容）

203 咨询法律知识

ChatGPT 还可以作为一个法律工具，当用户面临一些法律知识盲点时，可以向 ChatGPT 询问获得解答。通常情况下，赋予 ChatGPT 专家的身份，用户能够得到较为满意的解答。

例如，在 ChatGPT 的输入框中输入"请你作为一名法律顾问，对在网络平台未经允许发布一张他人的图片所涉及的法律知识予以解答"，按【Enter】键确认，ChatGPT 即会给出相关的法律知识解答，如图 15-8 所示。

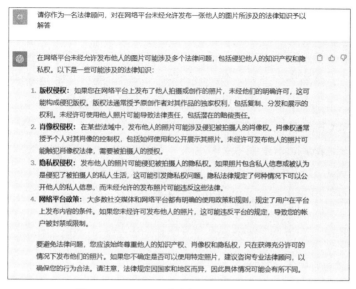

图 15-8　ChatGPT 给出相关的法律知识解答

204　提供合同模板

扫码看教学视频

　　法律工作者的职责之一是拟定合同，若让 ChatGPT 充当法律工作者，也可以生成特定主题的合同模板。例如，在 ChatGPT 的输入框中输入"请你充当一名律师，围绕抚养权转让的主题，并根据相关法律，写出一份正式的合同"，按【Enter】键确认，ChatGPT 即会提供一份合同模板，部分内容如图 15-9 所示。

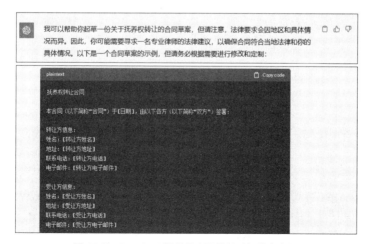

图 15-9　ChatGPT 提供的合同模板（部分内容）

205 咨询药品功效

扫码看教学视频

用户了解一定的药学知识，可以更好地管理身体，保持身体健康。但是，并非所有人都有条件或有精力去了解药学知识的，常常是遇到问题之后才会去关注，而当用户想要了解某一种药品的功效、副作用、禁忌等知识时，可以向 ChatGPT 寻求帮助。

例如，在 ChatGPT 的输入框中输入"请你作为一个药学专业人员，为一个咽喉肿痛的成人提供药品购买建议，并说明药品禁忌"，按【Enter】键确认，ChatGPT 即会给出对应症状的药品建议和相关禁忌，如图 15-10 所示。

作为一个药学专业人员，我可以为咽喉肿痛的成人提供一些药品购买建议。请注意，以下建议仅供参考，具体的治疗方案应该根据病情严重程度和个人健康状况而定。如果症状严重或持续时间较长，建议咨询医生以获取更专业的建议。

1. 非处方药品 (OTC药物)：
   - **布洛芬 (Ibuprofen)**：布洛芬是一种非处方非甾体抗炎药(NSAID)，它可以帮助减轻咽喉疼痛和减轻炎症。遵循药品标签上的用法指导，不要超过推荐剂量。
   - **对乙酰氨基酚 (Acetaminophen/Paracetamol)**：对乙酰氨基酚是另一种非处方药，用于缓解疼痛和降低体温。它通常是对于咽喉疼痛的一种选择，但不具有抗炎作用。同样，遵循药品标签上的用法指导。
   - **喉糖片或含喉糖 (Lozenges or Throat Lozenges)**：这些药物通常包含局部麻醉剂，如苯扎米特，可以提供喉咙的暂时舒缓。请遵循药品标签上的用法指导。
2. 注意禁忌：
   - 请避免使用布洛芬、对乙酰氨基酚或其他药物，如果您对这些药物过敏或曾经有不良反应。
   - 如果您有肝脏或肾脏问题，或者正在服用其他药物，特别是抗凝血药物或非甾体抗炎药，请在使用之前咨询医生。
   - 不要超过建议的剂量，以避免不必要的副作用。
   - 避免饮酒，因为它可能与这些药物互动，导致不良效应。

咽喉肿痛通常是病毒感染引起的，所以休息、饮水、含漱盐水等自我护理也非常重要。如果症状恶化，或者持续时间超过几天，或者伴有其他严重症状，如高热、呼吸困难等，建议立即咨询医生，以获取更全面的评估和治疗建议。

图 15-10 ChatGPT 给出对应症状的药品建议和相关禁忌

206 进行心理疏导

扫码看教学视频

心理问题是在现代社会中出现的高频问题之一，不论人的年龄大小，心理问题都有可能"找上门"。近年来，由于心理问题而离世的人也越来越多，因此将 ChatGPT 应用于人类的心理疏导，是一次有意义的尝试。

例如，在 ChatGPT 的输入框中输入"请作为一名心理医生对以下问题给出建议，要求用亲切、温和的语气来提供建议，并表现出极大的共情力（另起一行）××××"，按【Enter】键确认，ChatGPT 即会进行心理疏导，如图 15-11 所示。

图 15-11　ChatGPT 进行心理疏导

207　创作科幻小说

扫码看教学视频

科幻小说是指在尊重科学结论的基础上，进行故事虚构的文学体裁。这类小说主要以科学故事为题材，一般具备逻辑自洽、科学元素和人文思考 3 个要素。运用 ChatGPT 可以为用户提供创作科幻小说的灵感，也可以帮助用户完成小说的创作。

例如，在 ChatGPT 的输入框中输入"你的角色是一名科幻小说家，擅长制造剧情反转。现在需要你虚构一篇 800 字的科幻小说，主题为'地球说话了'，语言风格不限，但需要遵循以下规则：1. 逻辑自洽；2. 带有科学元素；3. 有一定的人文思考”，按【Enter】键确认，ChatGPT 即会编写科幻小说，如图 15-12 所示。

《地球说话了》

在不久的将来，科学家们终于解锁了地球的一项神秘技能，这项技能让地球变得活跃而有声音。这一突破性的发现引发了全球范围内的狂热研究和讨论，但随之而来的，却是一系列的未知事件。

这个新发现被命名为"地球通讯"。它并不是人们一直以来理解的声音或语言，而是一种基于电磁波的信息交流方式。科学家们发现，地球本身似乎拥有无尽的知识和智慧，只需正确的解读和理解，就能获得前所未有的信息。

首先，人们试图建立一种双向通信系统，以与地球交流。经过数月的努力，他们成功地创建了一种装置，能够接收和解释地球的信息。但人类的信息传递并不像地球那样高度复杂，通信起初显得笨拙和原始。

随着时间的推移，地球的信息开始变得清晰而具体，而且似乎有一种自我保护机制，只与真正尊重大自然的人类进行交流。这些信息包括关于环境、生态系统和气候的深刻洞察，以及有关人类行为对地球的影响的警告。地球说话了，它提醒人们，人类的行为已经引发了许多破坏性事件，如气候变化、生物多样性丧失和资源枯竭。地球的声音是警告，也是对人类不负责的警示。

随着人们对地球的交流变得更加深入，一位名叫艾丽莎的年轻女性成为了地球的代言人。她能够与地球建立更深层次的连接，理解更多的信息。艾丽莎开始意识到，地球似乎有一项重要的信息要传达，但这信息并不是好消息。

地球告诉艾丽莎，它正在感到痛苦，因为人类对它的侵害。它揭示了一个惊人的事实：地球拥有自我保护的能力，如果人类继续对它的破坏，地球将采取行动来自我保护，这可能导致毁灭性的灾难。

艾丽莎努力向全世界传达这一信息，她呼吁人类共同行动，保护地球，而不是继续摧毁它。但是，这并不容易，因为一些人认为这只是一种科学幻想，而另一些人则对改变他们的生活方式感到不满。

随着时间的推移，地球的警告变得越来越明显。自然灾害变得越来越频繁和破坏性，人类社会陷入了混乱和恐慌之中。政府和国际组织试图采取紧急措施，但时间已经不多了。

最终，当一个巨大的地震摧毁了一座大城市，人们终于觉醒了。他们开始采取行动，改变他们的生活方式，减少对地球的侵害。科学家们也加紧研究，试图找到一种解决办法，以平息地球的痛苦。

在地球的警告下，人类终于明白，地球不仅是他们的家园，也是他们的保护者。人类必须与地球和谐相处，否则将付出沉重的代价。这个科幻小说通过地球的"说话"，强调了环境保护和人类责任的重要性，以及对自然界的尊重。地球的声音成为了人类的警钟，唤起了他们的良知，为了共同的未来，他们必须采取行动，保护这个脆弱而珍贵的星球。

图 15-12　ChatGPT 编写的科幻小说

208　生成文学评论

扫码看教学视频

文学评论是对文学作品的深入分析和评价，旨在通过对文本的解读和评价，揭示出文学作品的内涵、特征、结构，以及文学作品与时代、社会、文化的关系。文学评价是推动文艺创作的工具之一。运用 ChatGPT 生成文学评论，可以提供不同维度、不同视角的文学解读，从而推动文艺创作活动的发展与进步。

例如，在 ChatGPT 的输入框中输入"假设你是一名文学批评专家，请你从多个维度对《小妇人》这部文学作品进行解读和评价，并写作一篇 600 字的论文"，按【Enter】键确认，ChatGPT 即会生成文学评论，如图 15-13 所示。

> 假设你是一名文学批评专家，请你从多个维度对《小妇人》这部文学作品进行解读和评价，并写作一篇600字的论文
>
> 《小妇人》是美国文学史上的一部经典之作，由路易莎·梅·奥尔科特（Louisa May Alcott）于 1868年首次出版。这部小说以四位姐妹为中心，以她们的成长和生活经历为主线，深刻地探讨了家庭、社会、自我认同等主题。在这篇论文中，我将从多个维度对《小妇人》进行解读和评价。
>
> 首先，我将从文学风格和叙事结构的角度来分析这部作品。《小妇人》采用了第三人称有限视角，通过四位姐妹之一的视角来叙述故事，这种叙事方式使读者能够更深入地了解每个角色的内心世界和情感。此外，小说的叙述风格朴实而感人，奥尔科特以细腻的笔法刻画了每个角色的性格和情感，使人产生共鸣。这种情感共鸣正是这部小说的一大特点，它使读者更容易与故事中的人物产生情感联系。
>
> 第二个维度是社会背景和主题。《小妇人》发生在19世纪美国社会，这是一个男权主义盛行的时代。小说中的四位姐妹分别代表了不同的女性角色，如梦想家、职业女性、家庭主妇和慈善家。通过她们的故事，奥尔科特反映了当时社会对女性的期望和限制，以及女性在追求独立和自主时所面临的挑战。这部作品强调了女性的力量和坚韧，以及她们在不同角色中的独特贡献，为女性权利争取了更多的认可。
>
> 第三个维度是人物塑造和性格发展。小说中的四位姐妹，梅格、乔、贝丝和艾米，都具有鲜明的性格特点。梅格是负责任感和善良的姐姐，乔是充满激情和创造力的作家，贝丝是温柔而善良的钢琴家，艾米是聪明、热情和时尚的姐妹。随着故事的发展，每个角色都经历了性格上的成长和变化，从而展现出多维度的性格发展。这些性格的深刻刻画使读者能够更好地理解每个角色的动机和冲突，以及她们如何应对生活中的挑战。
>
> 最后，小说中的家庭和友情关系也是一个重要维度。四位姐妹之间的紧密纽带以及她们与其他人物之间的友情关系是这部小说的核心。家庭是小说中的重要主题之一，它强调了家庭的重要性，以及家庭成员之间的相互支持和关怀。友情也是一个重要主题，小说中的女性角色之间的深厚友情展示了女性之间的团结和互相支持，强调了友情的重要性。
>
> 总结而言，路易莎·梅·奥尔科特的《小妇人》是一部具有深刻文学价值的作品。通过其独特的叙事风格、社会背景和主题、人物塑造和性格发展，以及家庭与友情关系的描绘，这部小说不仅深刻反映了19世纪美国社会，还触及了永恒的人性问题。它继续吸引着读者，启发他们思考自己的生活和关系，并展示了女性在家庭和社会中的重要地位。《小妇人》无疑是一部经典之作，值得我们深入阅读和解读。

图 15-13　ChatGPT 生成的文学评价